JN007054

天文航海の基礎

竹井義晴 著

KAIBUNDO

はじめに

　GPS の出現と共に，天文航海の必要性は少なくなった。しかし，天測は高価な電子計器を使うことなく，六分儀や時計等があれば精度良く船位を得られるというのは大いなる魅力である。有用な天測だが，天文の基礎知識を始めとして天体の運動や位置の線の取り扱いなど多くを学ばなければならず，勉強するのは正直厄介だと思う人は多いようだ。加えて，実施にあたっては天体の高度を測定し，少々複雑な計算をしなければならないので，交叉方位法のように手軽にできる訳ではない。

　もし，天体の動きは難しいと感じたら，思い切って単純化し，大枠を捉えるようにするとよい。

　地球は「天球の中にあって，太陽を公転しながら定速で自転する球である」とだけ考えてみよう。公転軌道は天球に対して遥かに小さいので，地球が軌道のどこにいても恒星は天球の同じ位置に見える。ただ，地球は太陽を公転しているので，太陽と恒星の相対位置は変化する。季節の変化と軌道位置は一致しているので，季節によって見える恒星や星座が変化し，季節の星座などに分類されている。また，地球が定速で自転するならば，恒星は常に同一時刻に同一位置に見えるはずであるが，日々少しずつずれる。これは，太陽を基準にして時刻を決めているからである。

　これらは，毎日起こる日出没方位やその時刻の変化，正中時の高度変化等の現象を観察することによって体験でき，継続することによって理解を深めることができる。

　ある程度理解したら計算してみよう。符号や象限の決定法などしっかり理解していないと思わぬ数値が導き出される。誤った理解を修正するためにも計算は重要である。計算には表計算を用いるとよいと思う。敷居が低く，ほとんどのコンピュータにインストールされている。また，計算シートは保存しておけるので，継続的に改良できる。

　次の段階としてプログラムを組んでみるとよい。そのとき，表計算での計算結果が非常に役に立つ。完成した自作プログラムをスマートフォンやタブレットにインストールしておけばとてもクールである。

本書の構成とその特徴

第 1 章 天文の基礎　　天文航海に必要と思われる天文の基礎知識を記載した。我々は極座標（高度，方位）で天体位置を表すことが多いが，本書では直角座標（北，東，天頂）も用いた。後者を用いたほうが理解しやすい場合も多い。これらの説明のために，子午

面図・地平面図の他に一般の天文航海の教科書には掲載されていない東西面図を新た
に導入した。これらは製図の投影のようで解りやすいと思う。

式が冗長になるのを避けるため，変数名をできるだけ 1 文字で表した。例えば，緯度
は "Lat" ではなく，天文学等で使用されている "ϕ" とした。最初は違和感があるとは
思うが，慣れると非常に読みやすい。

第 2 章 時刻と暦　　時を定める方法として，地球の自転，地球の公転，および原子の振動が
ある。基本的には，時は地球の自転量によって決められると考えておけばよい。

毎日時の天体位置を記載した数表を天測暦という。本書では，日本版および英国版
天測暦の違いを簡単に説明した。今後，英国版に慣れておくことも必要であろう。
天測暦や天体位置計算式を Web から無償で入手することができるので（参考文献
[51][54]），是非，ダウンロードして使用することをお勧めする。また，理科年表や天
文年鑑等は，暦としても参考書としても利用でき有用であるので，併用するとよい。
なお，本書は天測暦を参照することを前提とし，天体位置の計算には言及していない。

第 3 章 天体の高度と方位　　天下り式に球面三角公式を使用することを避け，高度方位式の
導出にはベクトルを用いた。ベクトルを用いることによって，天体の高度は天体の地
位（位置）ベクトルと観測者の位置ベクトルの内積で表現できることがわかる。ベク
トルを勉強してきた若い世代には理解しやすいと思う。

第 4 章 天体高度の測定とその改正　　六分儀による測高法と高度改正法を解説した。天測に
必要なのは地心高度であるが，我々は地表で観測するため幾何学的な修正と，大気を
通して観測するため光学的な修正をしなければならない。大気は薄く存在するだけで
あるが，その扱いは結構難しいものである。

第 5 章 天文航海　　天測計算表や天測暦に掲載されている例題を用い，計算方法および作図
方法を扱った。また，英国版天測暦に掲載されている計算のみによる船位の求め方も
紹介した。

第 6 章 船位の誤差　　誤差は観測だけに限らずいろいろな場面で発生し，非常に複雑で予想
できない場合もある。本書では，位置の線に含まれる誤差と，船位に含まれる誤差の
基本的な内容を解説した。

第 7 章 補足　　本書で使用した数式の導出や，球面三角公式や座標の回転により天体位置を
求める方法を解説した。興味のある方は参考にして欲しい。

本書の作成には LATEX や Illustrator を使用した。数式や図は読みやすいと思う。

本書が読者の皆さんの勉学の一助となれば幸いである。私も皆さんと一緒に勉学に励みたい
と思う。

最後に，本書の出版にご理解を頂いた海文堂出版編集部 岩本登志雄氏に心から感謝したい。

2020 年 1 月

竹井 義晴

目次

第 1 章

天文の基礎

1.1 単位と変数

この章では，天文学で使用される単位，および本書で扱う変数とその記号を説明する。

1.1.1 単位

宇宙は非常に大きいため，普段我々が使用する距離の単位をそのまま使用すると，数値が非常に大きくなり扱いにくい。そこで，天文学ではいくつかの特殊な単位が導入されている。

1.1.1.1 距離

地球が太陽を公転する軌道の平均距離を 1 天文単位（astronomical unit: au）という（図 1.1 SE）。天文単位は太陽系の大きさや惑星の距離を理解するのに大変便利である。2012 年，国際天文学連合において，天文単位は次のとおり定められた。

$$1 \text{ au} = 1.495\,978\,707\,00 \times 10^{11} \text{ m}. \tag{1.1}$$

観測者の位置が変化することによって，天体の見かけの位置が変化することを視差（parallax）といい，天体の方位の変化を視差角（parallax angle: π）という。地球の公転による視差を年周視差といい，これが $1''$ となる距離を 1 パーセク（parsec: pc）[*1]と定義する（同図 SP）。

$$1 \text{ pc} = \frac{1 \text{ au}}{\tan 1''} = 2.063 \times 10^5 \text{ au} \tag{1.2}$$

$$= 3.086 \times 10^{16} \text{ m}. \tag{1.3}$$

光が宇宙空間を 1 ユリウス年に進む距離を 1 光年（light year: ly）という（同図 SY）。

$$1 \text{ ly} = 2.997\,924\,58 \times 10^8 \cdot 60 \cdot 60 \cdot 24 \cdot 365.25$$

$$= 9.461 \times 10^{15} \text{ m} \tag{1.4}$$

$$= 6.324 \times 10^4 \text{ au}. \tag{1.5}$$

[*1] 視差（parallax）と角度の $1''$（arc second）から parsec となった。

これら距離の単位とそれらの換算値を示す（表 1.1，表 1.2）。

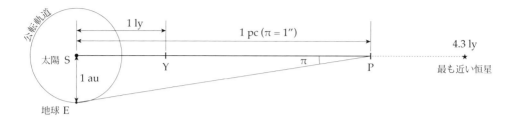

図 1.1　距離の単位

表 1.1　距離の単位

名称	記号	備考
メートル（meter）	m	SI 基本単位
天文単位（astronomical unit）	au	SI 併用単位
光年（light year）	ly	
パーセク（parsec）	pc	

表 1.2　距離の単位の換算

単位	m	au	ly	pc
m	1	6.685×10^{-12}	1.057×10^{-16}	3.241×10^{-17}
au	1.496×10^{11}	1	1.581×10^{-5}	4.848×10^{-6}
ly	9.461×10^{15}	6.324×10^{4}	1	3.066×10^{-1}
pc	3.086×10^{16}	2.063×10^{5}	3.262	1

　数値の桁数が極めて多くなることを避けるため，単位の前に SI 接頭語を付けて表現する。こ
れらは日常生活でもよく使われているので，馴染みがあるだろう（表 1.3）。

表 1.3　SI 接頭語

接頭語	記号	10^n	10 進表記
テラ（tera）	T	10^{12}	1 000 000 000 000
ギガ（giga）	G	10^{9}	1 000 000 000
メガ（mega）	M	10^{6}	1 000 000
キロ（kilo）	k	10^{3}	1 000

1.1.1.2　角度

　天体の高度や方位は角度によって表される。角度の単位には度数法と弧度法がある。

　平面上のある点を端点とする半直線によって全方位を 360 等分したとき，その一つの角の角度を 1° とするものを**度数法**という。度数法では 60 進法を用い，$^1\!/_{60}$ を 1′，$^1\!/_{60}$ を 1″とする。全方位を 360° としたことは，1 年の日数（365 日）に由来している [67]。

$$1° = 60′ = 3\,600″. \tag{1.6}$$

　角度を単位円における弧長で表したものを**弧度法**（radian）という。半径と弧長が等しいときの角度を 1 rad とする。図 1.2 において，$\overline{\mathrm{OA}} = \overset{\frown}{\mathrm{AB}}$ となるときの ∠AOB が 1 rad である。平角（180°）の弧長は π，周角（360°）の弧長は 2π である。

　度数法と弧度法の関係は

$$180° = \pi \ [\mathrm{rad}]. \tag{1.7}$$

　度数法による角度を d，弧度法による角度を r とすると，これらの変換は

$$r = \frac{\pi}{180°}\,d \iff d = \frac{180°}{\pi}\,r. \tag{1.8}$$

　なお，式（1.7）右辺の弧度法に単位として rad を付けたが，弧度法は長さの比であるので付けなくてもよい。本書にあっては付けないことが多い。

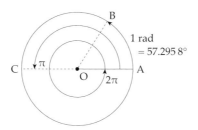

図 1.2　角度の単位

表 1.4　角度の単位

名称	記号	備考
度，分，秒（degree, minute, second）	° ′ ″	
ラジアン（radian）	rad	SI 組立単位

1.1.2　変数

　本書では表 1.5 に示す変数や記号を用いる。いくつかの変数名は天文学で使用されているものとした。例えば，緯度 ϕ，経度 λ である。

　また，視太陽を ⊙，平均太陽を ◎ とし，視太陽時を $T_{\odot}$, $t_{\odot}$，平均太陽時を $T_{\circledcirc}$, $t_{\circledcirc}$ とした。大文字はグリニッジ時，小文字は地方時を表す。

表 1.5　変数および記号

分類	名称	変数・記号	他の表現
地球	北極，南極	P_N, P_S	
	長半径，短半径，地心半径	a, R_a, b, R_b, r	
	扁平率，離心率	f, e	
	測地緯度（地理緯度），地心緯度，経度	ϕ, ψ, λ	Lat, Long
	回転角速度	ω	
天球	天の北極，天の南極	P, P′	
	赤緯，赤経	δ, α	d, RA
	天頂，天底	Z, Z′	
	春分点	♈	γ
天体	視太陽，平均太陽	☉, ◎	
	地球，月，金星，火星，木星，土星	♁, ☾, ♀, ♂, ♃, ♄	
	恒星	★	
時刻	世界時，協定世界時	U, UTC	
	グリニッジ恒星時，地方恒星時	Θ, θ	GST, LST
	グリニッジ時角，地方時角	H, h	GHA, LHA
	グリニッジ視太陽時，地方視太陽時	$T_\odot$, $t_\odot$	GAT, LAT
	グリニッジ平均太陽時，グリニッジ平均太陽時	$T_\circledcirc$, $t_\circledcirc$	GMT, LMT
	恒星時角	$H_\star$	
	半日周弧	h_s	
	均時差	ϵ	Eq.T
観測	六分儀高度，視高度，測高度，真高度，計算高度	a_s, a, a_o, a_t, a_c	h, H
	天頂距離（頂距），視天頂距離（視頂距）	z, z	
	極距	p	
	方位，測定方位，計算方位	A, A_o, A_c	z
	眼高差	σ	
	天文気差，地上気差	ρ, ρ_t	
	視差，地心視差，地平視差，赤道地平視差	π, π, π_0, Π_0	
	視半径	s	
	修正差	i	
	太陽・月の下辺，中心，上辺	☉, ⊕, ☉, ☾, ☾, ☽	

1.2　地球

1.2.1　地球の形状

　地球上のすべての物体には，地球の**引力**と自転による**遠心力**（centrifugal force）を合わせた**重力**（gravity）が働いている（図 1.3）。水が重力の影響だけを受けていると仮定すると，水面はすべての場所で重力の方向と直交する。この水面を**重力の等ポテンシャル面**（**水準面**）という。世界の海面の平均位置に最も近い重力の等ポテンシャル面を**ジオイド**（geoid）と定め，これを地球の形状とする。ただし，地球の地殻構造は不均質で場所によって引力が異なるため，ジオイドにもこれに応じた起伏がある。

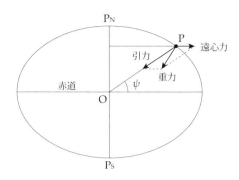

図 1.3　地球に働く力

1.2.1.1　回転楕円体

　地球は遠心力の影響で極方向に比べて赤道方向が少し膨らんだ回転楕円体（ellipsoid）に近い形をしている。 ジオイドの起伏と最も良く合う回転楕円体を**地球楕円体**（Earth ellipsoid）という。図 1.4 は経度 15°W・165°E におけるジオイドと地球楕円体の断面を比較したものである [21]。

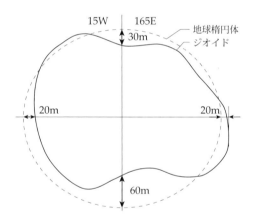

図 1.4　ジオイドと地球楕円体の比較

1.2.1.2　楕円

　図 1.5 は地球楕円体の基本となる**楕円**（ellipse）を示したものである。 点 O を**中心**（center），点 F, F′ を**焦点**（focus），2 焦点を通る軸 AA′ を**長軸**（major axis），その長さ AA′ を**長径**，その半径を**長半径**（semi-major axis），長軸の垂直 2 等分線の楕円の軸 BB′ を**短軸**（minor axis），その長さ BB′ を**短径**，その半径を**短半径**（semi-minor axis）という。

　楕円は 2 点 F, F′ からの距離の和 PF + PF′ が一定の点 P(x, y) の軌跡である。 長半径を a，短半径を b とすると，楕円の方程式は次式で表わされる（7.1 節参照）。

$$\frac{x^2}{a^2} + \frac{y^2}{b^2} = 1. \tag{1.9}$$

　楕円が真円に比べどれくらい扁平かを表す値を**扁平率**（flattening: f），長半径 a と焦点距離 c の比を**離心率**（eccentricity: e）という。これらには次の関係がある（7.2 節参照）。

$$f = \frac{a-b}{a}, \tag{1.10}$$

$$e = \frac{c}{a} = \sqrt{f(2-f)}, \tag{1.11}$$

$$b = a(1-f) = a\sqrt{1-e^2}. \tag{1.12}$$

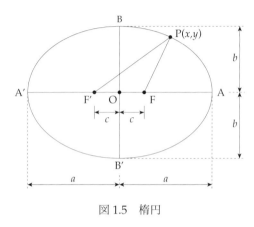

図 1.5　楕円

　日本では，地図（測量法）には GRS 80 を，海図（水路業務法施行令）には WGS 84 を地球楕円体として使用している（表 1.6）。

表 1.6　日本の地球楕円体

名称	年代	a	b	$1/f$	e
		m	m		
GRS 80	1980	6 378 137	6 356 752	298.257 222 101	0.081 819 191 0
WGS 84	1984	6 378 137	6 356 752	298.257 223 563	0.081 819 190 8

1.2.2　地球上の位置

　地球上の位置は地球楕円体上の**経度**，**緯度**，および**標高**で表される。経度と緯度は地球楕円体上の位置で，標高はジオイドからの高さである。

1.2.2.1　経度

　図 1.6 は地球の北極から赤道面を見た図である。赤道面は地心 O を中心とする赤道半径 a の円で，OG を本初子午線，OPA を点 P を通る子午線といい，両子午線が成す∠GOA を点 P の**経度**（longitude: λ）という。経度は，OG を基準 0° として東西にそれぞれ 180° 測り，東半球を**東経**（E, +），西半球を**西経**（W, −）とする。

　一般的に経度は角度で表されるが，これを時間で表した方がよい場合がある。時間で表した経度を**経度時**（longitude in time）といい，経度 360° を 24^{h} として，角度と時間を変換する。

経度時を λ_t とすると，

$$\lambda_t = \frac{24^{\mathrm{h}}}{360°}\,\lambda \iff \lambda = \frac{360°}{24^{\mathrm{h}}}\lambda_t. \tag{1.13}$$

経度・時間換算量を表 1.7 および表 1.8 に示す。天測計算表 [50] に詳細な時間弧度換算表が掲載されているので，それを用いるとよい。

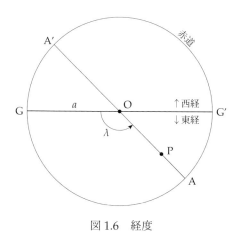

図 1.6　経度

表 1.7　経度 → 時間

$° \to$ h	h	m	s
360°	24	1 440	86 400
1°	1/15	4	240
1′	1/900	1/15	4
1″	1/54 000	1/900	1/15

表 1.8　時間 → 角度

h $\to °$	°	′	″
24^{h}	360	21 600	1 296 000
1^{h}	15	900	54 000
1^{m}	1/4	15	900
1^{s}	1/240	1/4	15

【例】　経度 139°46′20″E を経度時に変換せよ。

【解】　（1）経度を度（°）に変換し，式（1.13）を用いて時分秒（$^{\mathrm{h\,m\,s}}$）に変換する。

$$139°46′20″\,\mathrm{E} = +139° + \frac{46′}{60′} + \frac{20″}{3\,600″} = +139.772°.$$

$$\begin{aligned}
\lambda_t &= \frac{24^{\mathrm{h}}}{360°} \cdot (+139.772°)\\
&= +9.318\,13^{\mathrm{h}}\\
&= +9^{\mathrm{h}} + 0.318\,13^{\mathrm{h}} \times \frac{60^{\mathrm{m}}}{1^{\mathrm{h}}}\\
&= +9^{\mathrm{h}} + 19^{\mathrm{m}} + 0.088^{\mathrm{m}} \times \frac{60^{\mathrm{s}}}{1^{\mathrm{m}}}\\
&= +9^{\mathrm{h}} + 19^{\mathrm{m}} + 5.3^{\mathrm{s}}.
\end{aligned}$$

（2）表 1.7 を用いる。

$$139°46'20'' \text{E} = +139° \cdot \frac{1^\text{h}}{15°} + 46' \cdot \frac{1^\text{m}}{15'} + 20'' \cdot \frac{1^\text{s}}{15''}$$
$$= +9.266\,67^\text{h} + 3.066\,67^\text{m} + 1.333\,3^\text{s}$$
$$= +9^\text{h} + 0.266\,67^\text{h} \cdot 60^\text{m} + 3^\text{m} + 0.066\,67^\text{m} \cdot 60^\text{s} + 1.333\,3^\text{s}$$
$$= +9^\text{h} + 16^\text{m} + 3^\text{m} + 4^\text{s} + 1.333\,3^\text{s}$$
$$= +9^\text{h} + 19^\text{m} + 5.3^\text{s}.$$

1.2.2.2 緯度

図 1.7 は地球の子午面（図 1.6 AA′ 断面）を表しており，A′OA は赤道，$P_N OP_S$ は地軸である。子午面は地心 O を中心とし，長半径を赤道半径 a，短半径を極半径 b とする楕円である。

緯度（latitude）には，点 P における法線 n が AA′ と交わる角度を緯度とする**測地緯度**（geometric latitude: ϕ）[*2]と，点 P と地心 O を結ぶ線分が AA′ と交わる角度を緯度とする**地心緯度**（geocentric latitude: ψ）がある。地図および海図で使われる緯度は測地緯度である。赤道を基準 0° として北南にそれぞれ 90° 測り，北半球を**北緯**（N, +），南半球を**南緯**（S, −）とする。

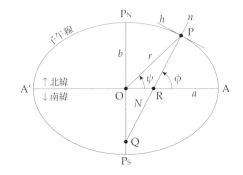

図 1.7 緯度

地心緯度と測地緯度には次の関係がある（7.3 節参照）。

$$\tan\psi = \frac{b^2}{a^2}\tan\phi = (1-e^2)\tan\phi. \tag{1.14}$$

両緯度の差は式（1.15）で表され，最大値は $\phi = 45°$ のとき，11.5′ 程度である。

$$\tan(\phi - \psi) = \frac{e^2 \tan\phi}{1+(1-e^2)\tan^2\phi}. \tag{1.15}$$

点 P における地心距離 r（PO），および卯西線曲率半径 N（PQ）は

$$r = \frac{b}{\sqrt{1-e^2\cos^2\psi}}, \tag{1.16}$$
$$N = \frac{a}{\sqrt{1-e^2\sin^2\phi}}. \tag{1.17}$$

[*2] 地理緯度（geographic latitude）ともいう。

1.2.2.3 標高

標高（elevation）はジオイドからの高さ，ジオイド高は回転楕円体からの高さで表される。図 1.8 は地球楕円体，ジオイド，標高の関係を表したものである。日本では，東京湾平均海面をジオイドと定めている。

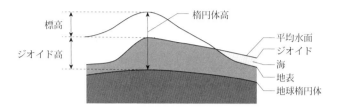

図 1.8 地球楕円体，ジオイド，標高の関係

1.3 天球

地心を中心とする非常に大きな仮想球を想像し，すべての天体はこの仮想球面上にあるものと仮定する。この仮想球を天球（celestial sphere）という。天体の大きさを表 1.9 に示す。

表 1.9 天体の大きさ

天体	概略の大きさ	天体	概略の大きさ
地球の半径	6 370 km	地球に最も近い恒星までの距離	1.3 pc（4.3 ly）
太陽の半径	7×10^5 km	恒星間の平均距離	1 pc
太陽と地球の平均距離	1 au	銀河の大きさ	10 kpc
太陽と海王星の平均距離	30 au	銀河間の平均距離	1 Mpc
太陽系の半径	10^5 au	宇宙の大きさ	3 000 ～ 6 000 Mpc

1.3.1 赤道座標

天体位置を表すためには，天球に座標を定義する必要がある。地球の自転の反映として天球は回転しているものの，恒星の位置関係や星座の形はほとんど変化しないので，天体と共に回転し天体位置を一意に定めることができる座標がよい。この座標を赤道座標（equatorial coordinate system）という。赤道座標は次のもので構成される（図 1.9）。

天の北極，天の南極 地軸（axis）の延長線が天球と交わる点で，北極（north pole: P_N）側を天の北極（celestial north pole: P），南極（south pole: P_S）側を天の南極（celestial south pole: P'）という。

天の赤道 地心 O を通り天の両極を結ぶ線に垂直な平面が天球と交差してできる大円を天の赤道（celestial equator）という。天の赤道により，天球は北半球と南半球に二分される。

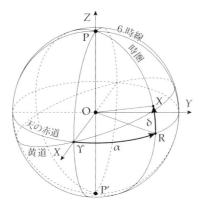

図 1.9 赤道座標

春分点 太陽の天球上の経路を**黄道**（ecliptic）という。黄道は天の赤道と 23.4° の角度で
交差し，その交点を春分点（Vernal equinox: ♈），および秋分点（Autumnal equinox）
という。春分点を赤経の原点とする（1.3.4 節参照）。

時圏 天の北極 P，天体 X，および天の南極 P′ を通る大円 PXP′ を**時圏**（hour circle）と
いう。

天体位置を次のとおり表す。

座標原点 地心 O に置く。

球面座標 **赤経**（right ascension: α）と**赤緯**（declination: δ）を用いて表す。赤経は春分
点 ♈ の時圏と天体 X の時圏が成す ∠♈OR である。赤経の単位は時間で，春分点を 0^h と
し東回り（天の北極から見て反時計回り）に 24^h まで測る。赤経は地球の経度に相当す
るが，経度のように東経・西経の区別はない。赤緯は時圏における天体 X と天の赤道が
成す ∠ROX である。天の赤道を 0° とし，天の北極・天の南極にそれぞれ 90° 測り，北半
球を北緯（N, +），南半球を南緯（S, −）とする。赤緯は緯度に相当する。赤緯の余角
（$90° − \delta$）を**極距**（polar discance: p）という。

直角座標 座標 O – XYZ を，O♈ を X 軸（♈ を正），O と赤経 6^h を Y 軸（6^h を正），OP
を Z 軸（P を正）とする**右手系**とし，天体位置を (X, Y, Z) の組で表す。

球面座標値と直角座標値の関係 両座標の関係は次式で表される（7.6 節参照）。

$$\begin{pmatrix} X \\ Y \\ Z \end{pmatrix} = \begin{pmatrix} \cos\delta\cos\alpha \\ \cos\delta\sin\alpha \\ \sin\delta \end{pmatrix}. \tag{1.18}$$

1.3.2 地平座標

地球は地軸を軸として，西から東に自転しており，この反映として天球は東から西に回転し
て見える。天球は地平線で分断されるため，天体は東から出て，西に没する。地上から天体
を観測するには，観測者が静止して天球が回転するような座標がよい。この座標を**地平座標**
（horizontal coordinate system）という。地平座標は次のもので構成される（図 1.10）。

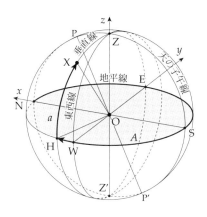

図 1.10 地平座標

天頂，天底　観測者の鉛直線が天球と直上で交わる点を天頂（zenith: Z），直下で交わる点を天底（nadir: Z′）という。

地平線　地心 O を通り観測者の鉛直線に垂直な平面が天球と交差してできる大円を地平線（horizon）という。地平線により，天球は天頂側と天底側に二分される。ここでいう地平線は地心を通るものをいい，地球表面にいる我々が見る地平線とは異なるものである。前者を真地平，後者を視地平という。

垂直線　天頂 Z，天体 X，および天底 Z′ を通る大円を垂直線という。

天の子午線　天頂 Z，天の北極 P，天底 Z′ および天の南極 P′ を通る大円を天の子午線（celestial meridian）という。天の子午線が地平線と交わる 2 点のうち，北の交点を北点（north point: N），南の交点を**南点**（south point: S）という。

東西線　天頂 Z，および天底 Z′ を通り，天頂 Z で天の子午線と垂直に交差する大円を東西線という。東西線が地平線と交わる 2 点のうち，東の交点を**東点** E，西の交点を**西点** W という。

天体位置を次のとおり表す。

座標原点　地心 O に置く。

球面座標　**高度**（altitude: a）と**方位**（azimuth: A）で表す。高度は垂直線における天体と地平線が成す ∠HOX である。地平線を 0° とし，天頂・天底にそれぞれ 90° 測り，天頂側を +，天底側を − とする。また，高度の余角（$90° - a$）を**天頂距離（頂距）**（zenith distance: z）という。方位は天の子午線と垂直線が成す ∠NOH をいう。北点 N を 0° とし，天頂 Z から見て時計回りに 360° まで測る。

直角座標　座標 O − xyz を，ON を x 軸（N を正），OE を y 軸（E を正），OZ を z 軸（Z を正）とする**左手系**とし，天体位置を (x, y, z) の組で表す。

球面座標値と直角座標値の関係　両座標の関係は次式で表される（7.6 節参照）。

$$\begin{pmatrix} x \\ y \\ z \end{pmatrix} = \begin{pmatrix} \cos a \cos A \\ \cos a \sin A \\ \sin a \end{pmatrix}. \tag{1.19}$$

1.3.3 赤道座標と地平座標の関係

　図 1.11 は地平座標に赤道座標を重ね，天体の位置を示したものである。両座標の関係を明確にするため，いくつかの平面図に分解して考える（図 1.12）。

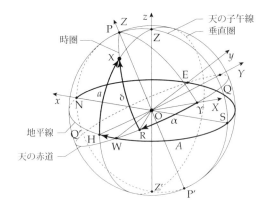

図 1.11 赤道座標と地平座標の関係

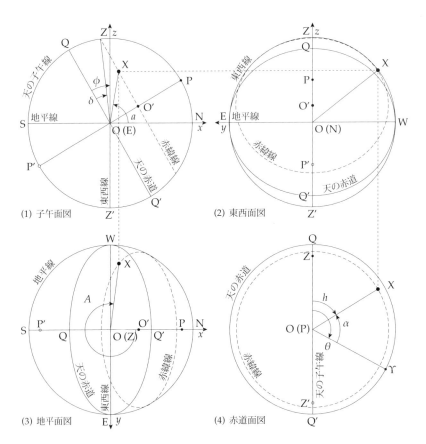

図 1.12 赤道座標と地平座標の関係（平面表示）

子午面図　東点 E または西点 W から天の子午線を見た図を子午面図という。円周は天の子午線で，東点 E を通る大円は天の赤道，地平線，東西線である。天の赤道と鉛直線が成す $\angle QOZ$ は緯度 ϕ である。赤緯線は天体の運行経路である。天体が天の子午線を通過するときを正中（meridian transit, culmination）といい，天の子午線の弧 PZP′ を通過するときを極上正中（upper transit, upper culmination），弧 P′Z′P を通過するときを極下正中（lower transit, lower culmination）という。単に正中という場合は，極上正中を指すことが多い。この図は天体の正中高度等の解析に利用される。

東西面図　北点 N または南点 S から東西線を見た図を東西面図という。円周は東西線で，北点 N を通る大円は天の子午線と地平線である。天の赤道は原点 O を中心とする楕円で表され，赤緯線は O′ を中心とする楕円で表される。この図は天体の東西線通過高度等の解析に利用される。

地平面図　天頂 Z または天底 Z′ から地平線を見た図を地平面図という。円周は地平線で，天頂 Z を通る大円は天の子午線，東西線，時圏である。天の赤道は原点 O を中心とする楕円で表され，赤緯線は O′ を中心とする楕円で表される。天体の方位 A（$\angle NOX$）の解析に利用される。

赤道面図　天の北極 P または天の南極 P′ から天の赤道を見た図を赤道面図という。円周は天の赤道である。天の北極 P を通る大円は天の子午線である。この図は天体の時角（hour angle: h）の解析に利用される。天体の時角とは，天体 X が天の子午線 ZPZ′ を極上正中してからの経過時間を角度 h で表したものである。春分点 ♈ の時角を恒星時 θ，天体 X の赤経を α とすると，天体の時角 h は

$$h = \theta - \alpha. \tag{1.20}$$

1.3.4　春分点

天の赤道と黄道の 2 交点のうち，太陽が天の赤道を南から北へ通過する点（昇交点）を**春分点**，太陽が北から南へ通過する点（降交点）を**秋分点**という。春分点と秋分点を総称して**二分点**といい，単に**分点**という場合は春分点を指す。春分点は赤経および黄経の基点となる重要な点である。

1.3.4.1　歳差と章動

地球の地軸はコマの軸のように首振り運動をしており，天の極は黄道の極を中心に円を描き，春分点は黄道上を西方に移動する。これを**歳差**（precession）といい，**日月歳差**と**惑星歳差**に分けられる。歳差により春分点は 1 太陽年に西方に約 $50.3''$ 移動し，約 25 800 年で黄道を一周する。

地球は赤道部分がわずかに膨らんだ回転楕円体であるため，太陽や月の引力はこの膨らみを黄道面と一致させようとする方向（地軸を黄道面に垂直に引き起こす方向）に働き，これと地球の反時計回りの自転力の合力により，地軸は黄道北極から見て時計回りに回転する。これを日月歳差という。黄道が動かないと仮定した場合，平均春分点は ♈$_0$ から ♈$_1$ へ移動し，その移動量 ♈$_0$♈$_1$ は 1 太陽年に西方へ約 $50.4''$ である。

　惑星歳差は木星・金星・火星など惑星の引力により黄道が動くため平均春分点が Υ_0 から Υ へ移動する現象である。その移動量 $\Upsilon_1\Upsilon$ は 1 太陽年に東方へ約 0.1″ である（図 1.13）。

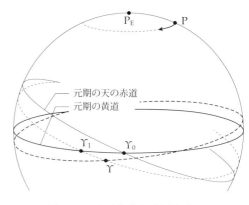

実線　元期の黄道と平均赤道
破線　任意の瞬間の黄道と赤道
Υ_0　元期の黄道と元期の平均赤道による平均春分点
Υ_1　元期の黄道と任意の瞬間の平均赤道による平均春分点
Υ　任意の瞬間における平均春分点
P　天の北極
P_E　黄道北極
元期　時間的な起点
平均極　章動を除き，歳差の影響のみを考慮した天球の極
平均赤道　平均極に対する天の赤道

図 1.13　日月歳差と惑星歳差 [3]

　現在，春分点はうお座にあるが，黄道十二宮が成立した紀元前 2000 年頃にはおひつじ座にあったため，今でも春分点にはおひつじ座の星座記号 Υ が用いられている。天の北極は黄道北極を中心に円を描き，現在ある北極星付近から，8 000 年後にははくちょう座のデネブ付近に，12 000 年後にはこと座のベガ付近に移動する（図 1.14）。歳差はコマの首振り運動と比べられることが多い。地球上でコマを地球と同様に反時計回りに回すと，重力がコマを倒す方向に働くため，軸は反時計回りに回転する（図 1.16）。

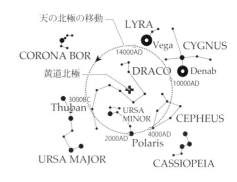

図 1.14　歳差による天の北極の移動

　地軸は歳差とは別に短い周期で振動的な変動をしている。これを **章動**（nutation）といい，その周期は約 18.4 年である。

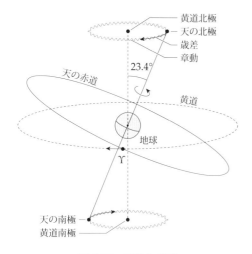

図 1.15　歳差と章動

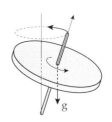

図 1.16　コマの歳差

1.3.4.2 太陽年と恒星年

太陽が黄道の春分点を通過し，再び春分点を通過するまでを 1 **太陽年**（solar year），または 1 **回帰年**（tropical year）という。春分点は 1 太陽年に 50.3″西に移動するので，1 太陽年は地球が約 359°59′09.7″ 公転に要する時間である（図 1.17 E → E′）。

一方，太陽が天球上のある恒星に対する位置から再び同じ位置に戻るまでの時間を 1 **恒星年**（sidereal year）といい，地球が正確に 360° 公転に要する時間である（同図 E → E）。

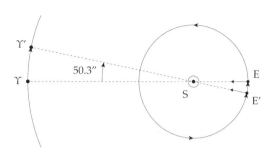

図 1.17　1 太陽年と 1 恒星年

1 太陽年は 365$^\mathrm{d}$05$^\mathrm{h}$48$^\mathrm{m}$45.2$^\mathrm{s}$（365.242 2 太陽日），1 恒星年は 365$^\mathrm{d}$06$^\mathrm{h}$09$^\mathrm{m}$09.8$^\mathrm{s}$（365.256 4 太陽日）であり，1 恒星年は 1 太陽年よりも約 20$^\mathrm{m}$25$^\mathrm{s}$ 長い [56]。

1.3.5　その他の座標

1.3.5.1　黄道座標

地球の公転面を基準とした座標を**黄道座標**（ecliptic coordinate system）という。黄道座標は太陽系内の天体の運動を表すために用いられることが多い。黄道座標では，天体の位置は**黄緯**（ecliptic latitude: β）と**黄経**（ecliptic longitude: λ）で表される。

黄緯は黄道を 0°，地球の公転面に垂直な方向を 90° とし，地球の公転が反時計回りに見える側を ＋，その反対側を － とする。黄緯が ＋90° となる位置を**黄道北極**，−90° となる位置を**黄道南極**という。現在，黄道北極はりゅう座の方向，黄道南極はかじき座の方向にある（図 1.14 参照）。

黄経は春分点を 0° として，黄道上の太陽の見かけの運動と同じ方向に 360° まで測る。夏至点，秋分点，冬至点の黄経はそれぞれ 90°, 180°, 270° となる。

太陽系内の天体を黄道座標で表す場合，地球または太陽のどちらから見た座標なのかを明らかにする必要がある。例えば，新月の場合，月は地球と太陽の間にあるため，地球から見た月の座標と太陽から見た座標は 180° 異なる。地球から見た黄道座標を**地心黄道座標**（地心黄緯・黄経），太陽から見たものを**日心黄道座標**（日心黄緯・黄経）として区別する。前者は地球を周回する人工衛星に，後者は太陽の周りを公転する天体に使用される。

1.3.5.2　銀河座標

銀河中心と銀河面を基準とする座標を**銀河座標**（galactic coordinate）という。銀河座標は銀河中心に対する銀河系内の星団の分布や，銀河系に対する銀河系外の銀河の分布の考察に用いられる。

銀河座標では，天体の位置は**銀緯**（galactic latitude）と**銀経**（galactic longitude）で表される。銀河の中心線に最も近いとして定められた大円を銀河赤道といい，その中心（銀河北極）は

赤経・赤緯で表すと，$12^\text{h}51^\text{m}, 27°51'\text{N}$ 付近にある。銀河赤道は天の赤道と赤経 $6^\text{h}51^\text{m}, 18^\text{h}51^\text{m}$ 付近で交わる（図 1.36 参照）。

1.4　日周運動と公転運動

地球には，地球がその地軸を中心に回転する**自転運動**と，地球が太陽を中心とする楕円軌道を運行する**公転運動**がある。これらの運動によりさまざまな現象が発生する。

自転による現象　　日周運動，歳差（1.3.4.1 節参照），日周光行差（1.7.2 節参照），遠心力による地球赤道部分の膨らみ（1.2.1 節参照），コリオリ力

公転による現象　　年周運動，惑星現象（1.5.1.1 節参照），年周光行差（1.7.2 節参照），年周視差（1.1.1.1 節参照）

1.4.1　日周運動

自転によって，天体は東から西に動き，太陽によって昼夜が起こる。このように地球の自転によって起こる天体の動きを**日周運動**（diurnal motion）という。

日周運動の周期は地球が正確に $360°$ 回転する時間で，これを 1 恒星日という。我々が使う 1 日は平均太陽が正中し再度正中するまでの時間で，この間に地球は約 $361°$ 回転する。これを 1 太陽日という。これらには $3^\text{m}56^\text{s}$ の差がある（2.1.1.7 節参照）。

太陽が天の子午線，および地平線を通過するとき，正午・正子，および日没・日出が発生する。

正午　　太陽の極上正中時を正午（noon）という。南に正中する場合を南 中^{なんちゅう}，北に正中する場合を北 中^{ほくちゅう}という。極上正中時の太陽高度はその日の内で最も高い。

日没　　太陽が地平線を上から下に通過するときを日没（sun set）という。

正子　　太陽の極下正中時を正 子^{しょうし}（midnight）といい，観測点の時刻は 0^h となり日が変わる。極下正中時の太陽高度はその日の内で最も低い。

日出　　太陽が地平線を下から上に通過するときを日 出^{にっしゅつ}（sun rise）という。

1.4.2　年周運動

地球の公転による天体の運動を**年周運動**（annual motion）という。年周運動の周期は 1 年と長いため，その変化は緩やかである。

1 恒星日と 1 太陽日には $3^\text{m}56^\text{s}$ の差があるため，1 年で太陽は天球を 1 周（$3^\text{m}56^\text{s} \times 365.2422 \simeq 24^\text{h}$）する。図 1.18 は地球の公転の様子を黄道北極から見た図で，地球の公転による太陽の赤経の変化を示したものである。⊕ は公転軌道上の地球の各月 1 日の位置，☉ は地球から見た太陽の黄道上の位置である。太陽の赤経が変化することにより，背景となる恒星が変化し，見ることのできる恒星も変化する。

地軸は公転軌道（黄道）に対し $23.4°$ の傾きを持つため，太陽の赤緯は $-23.4° \sim +23.4°$ の範囲で変化する。赤緯の変化によって太陽の高度が変化し，季節が生じる（図 1.19，図 1.20）。

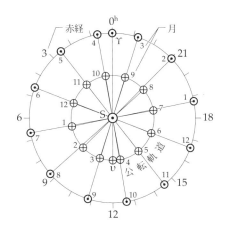

図 1.18 太陽の赤経の変化

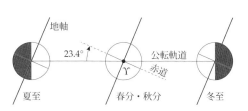

図 1.19 地軸の傾き（赤経 12^h から見る）

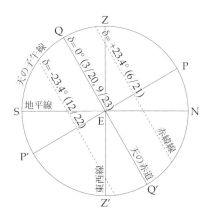

図 1.20 太陽の赤緯の変化（2015 年）

表 1.10 太陽の位置（2015 年）

月 日	赤経	赤緯	備考
	h m	°	
1 01	18 45	−23.2	
2 01	20 57	−17.3	
3 01	22 46	−7.8	
3 20	0 00	0.0	春分
4 01	0 40	+4.3	
5 01	2 32	+14.9	
6 01	4 34	+22.0	
6 21	6 00	+23.4	夏至
7 01	6 39	+23.1	
8 01	8 44	+18.1	
9 01	10 40	+8.5	
9 23	12 00	0.0	秋分
10 01	12 28	−3.0	
11 01	14 24	−14.3	
12 01	16 27	−21.7	
12 22	18 00	−23.4	冬至

太陽の赤緯の変化により，次がある。

春分　地球が υ の位置に来た時，天の赤道と黄道（公転軌道）が交差し，太陽は天の赤道を南から北に横切る。この時を春分という。その時の太陽の天の赤道上の位置が**春分点** Υ である。現在，春分点はうお座にある。 春分のとき昼夜の長さが等しくなる（図 1.20 EQ = EQ′ [*3]）。天文学では，春分と夏至の間を**春**という。

夏至　太陽の赤緯が最北（23.4°N）になる時を夏至（summer solstice）という。現在，夏至点はふたご座にある。 夏至のとき北半球にあっては昼の長さが最も長くなる。同じく，夏至と秋分の間を**夏**という。

秋分　天の赤道と黄道が交差し，太陽が天の赤道を北から南に横切る時を秋分という。そ

[*3] 春分，秋分にあっても，日出没の定義によって昼夜の長さは若干異なる。4.3.4 節参照。

の時の太陽の天の赤道上の位置が**秋分点**である。現在，秋分点はおとめ座にある。同じ
く，秋分と冬至の間を**秋**という。

冬至　太陽の赤緯が最南（23.4°S）となる時を冬至（winter solstice）といい，夏至点と冬至
点を総称して**至点**という。現在，冬至点はいて座にある。冬至のとき北半球にあっては
夜の長さが最も長くなる。同じく，冬至と春分の間を**冬**という。

1.5　太陽系

太陽を中心とし，その重力によって拘束されている天体群を**太陽系**（solar system）という。
太陽系は 8 個の惑星（planet），準惑星（dwarf planet），太陽系小天体（small solar system
body）で構成される。エッジワース・カイパーベルト（Edgeworth-Kuiper belt: EKB），更に
その外縁のオールトの雲（Oort Cloud）まで含めると，その半径は 10^5au（約 1ly）に達すると
いう。太陽の質量は太陽系の総質量の 99.8% を占める。

表 1.11　太陽 [55]

組成	赤道半径	質量比	密度	赤道重力比	自転周期	赤道傾斜角
	km	（対地球）	10^3kg/m³	（対地球）	d	°
水素・ヘリウム等	696 000	332 946	1.41	28.01	25.38	7.25

1.5.1　惑星

2006 年 8 月，国際天文学連合により，惑星等は次のとおり定義された。これらの定義によ
り，太陽系の惑星は 8 個（水星，金星，地球，火星，木星，土星，天王星，海王星）で，冥王
星[*4] は準惑星とされた [26]。

1. 太陽系の**惑星**（planet）とは，
   - 太陽の周りを回り，
   - 十分大きな質量を持つために自己重力が固体としての力よりも勝る結果，重力平衡
     形状（ほぼ球状）を持ち，
   - その軌道近くから他の天体を排除した天体である。
2. 太陽系の**準惑星**（dwarf planet）とは，
   - 太陽の周りを回り，
   - 十分大きな質量を持つために自己重力が固体としての力よりも勝る結果，重力平衡
     形状（ほぼ球状）を持ち，
   - その軌道近くから他の天体が排除されていない，
   - 衛星でない天体である。

[*4] 冥王星（Pulute）の直径は 2 370km で月よりも小さく，離心率が大きな楕円形の軌道を持ち，黄道面から大き
く傾いている。

3. 太陽の周りを公転する衛星を除いた上記以外の他のすべての天体を**太陽系小天体**（small Solar System bodies）と総称する。

1.5.1.1　地球と惑星の位置関係と相対運動

　地球よりも太陽に近い惑星（水星，金星）を**内惑星**（inferior planet），遠い惑星（火星，木星，土星，天王星，海王星）を**外惑星**（superior planet）という。これらの惑星と地球の軌道面の交角は 10° 以内のため，地球から惑星はほぼ黄道に沿って運行しているように見える。太陽に近い惑星ほどその公転周期は短いので，地球は内惑星に追い越され外惑星を追い越し，惑星の見かけの運行は複雑である。地球から見た惑星の相対運動を**惑星現象**という。

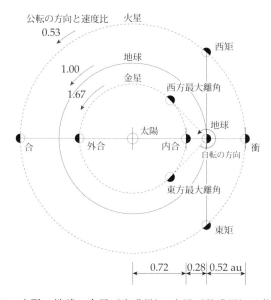

図 1.21　太陽，地球，金星（内惑星），火星（外惑星）の位置関係

合　地球と太陽を結ぶ線上，またはその延長線を惑星が通過する（地心視黄経が等しくなる）瞬間を合（conjunction）という。内惑星の場合，太陽より近くを通る**内合**（inferior conjunction）と，太陽より遠くを通る**外合**（super conjunction）がある。外惑星の場合は合のみである。合のとき，惑星は太陽側に位置するため，地球から見ることはできない。

衝　太陽と地球を結ぶ線の延長線を外惑星が通過する（地心視黄経差が 180° になる）瞬間を衝（opposition）という。衝の頃，外惑星は太陽と反対の動きをするので，ほぼ一晩中観察できる。

離角　地球と内惑星を結ぶ線と地球と太陽を結ぶ線の成す角（地心真角距離）を離角，この最大値を最大離角といい，地球から見て内惑星が太陽の東側にあるときを**東方最大離角**（greatest eastern elongation），西側にあるときを**西方最大離角**（greatest western elongation）という。内惑星は，東方最大離角の頃は夕方西方に，西方最大離角の頃は明け方東方にある。地球と惑星の公転軌道が楕円であるため，最大離角は両者の位置関

係によって変化する。

矩　　外惑星と地球を結ぶ線と太陽と地球を結ぶ線が成す角（地心視黄経の差）が 90° となる
瞬間を東矩（eastern quadrature），270° となる瞬間を西矩（western quadrature）とい
う。惑星は，東矩の頃は夕方に，西矩の頃は明け方に南中する。

会合　　内惑星にあっては内合の頃，外惑星にあっては衝の頃，地球に最接近する。これを会
合といい，会合から会合までを会合周期（synodic period）という。地球の公転周期を
P_E，惑星の公転周期を P_P とすると，会合周期 P_{EP} は

$$\frac{1}{P_{EP}} = \left| \frac{1}{P_E} - \frac{1}{P_P} \right|. \tag{1.21}$$

順行，逆行，留　　惑星が太陽と同様に天球上を西から東（赤経が増加する方向）への運動を
順行（prograde motion），東から西（赤経が減少する方向）への運動を逆行（retrograde
motion）という。順行と逆行が入れ替わるとき地心視赤経の変化がなくなり，惑星は停
止するように見える。これを留という。

表 1.12　惑星現象の順序

惑星	順序
内惑星	外合 → 東方最大離角 → 留 → 内合 → 留 → 西方最大離角 → 外合
外惑星	合 → 留 → 衝 → 留 → 合

【例】　金星の会合周期 P_{EV}，および火星の会合周期 P_{EM} を求めよ。惑星の公転周期は表 1.14
を参照のこと。

【解】　式（1.21）から，

$$\frac{1}{P_{EV}} = \left| 1 - \frac{1}{0.615\,2} \right|, \qquad \therefore P_{EV} = 1.598\,80^y = 583.9^d,$$

$$\frac{1}{P_{EM}} = \left| 1 - \frac{1}{1.880\,9} \right|, \qquad \therefore P_{EM} = 2.135\,2^y = 779.9^d.$$

1.5.1.2　惑星の概要

水星，金星，地球，火星は岩石や金属でできた惑星で**岩石惑星**（地球型惑星）といい，木星
以遠の惑星は核の周囲にガスが集まった惑星で**ガス惑星**（木星型惑星）という。

（1）水星（Mercury）

水星は太陽に最も近くその公転長半径は 0.39 au で，最大離角は 17.9° ～ 27.8° であるため，
日出没の直前直後のわずかな時間しか見ることはできない。水星の公転軌道の離心率は 0.2，軌
道傾斜角は 7.0° で，他の惑星よりも若干大きい（表 1.14 参照）。公転周期は約 88 日で，地球の
約 4 倍の速さで公転している。

内惑星である水星の満ち欠けは大きく，内合時に新月状，外合時に満月状，最大離角時には
半月状になる。水星の会合周期は 115.9 日で，内合時の約 5 日間，および外合時の約 35 日間は
見ることはできない。

（2）金星（Venus）

金星は大きさおよび誕生過程が地球と同じと考えられるため，地球の双子星といわれる。

金星が最も明るく見えるのは内合の前後 36 日頃で，太陽，月に次いで明るく，約 −4.7 等級である（表 1.19 参照）。金星の明るさの原因は，太陽に近いこと，および大気である濃硫酸雲が太陽光をよく反射することによる [13]。

外合・東方最大離角・外合までの間，金星は太陽の東側にあり日没後に西の空に輝き，これを**宵の明星**（evening star）という。内合・東方最大離角・外合までの間，金星は太陽の西側にあり日出前に東の空に輝き，これを**明けの明星**（morning star）という。最大離角は 45.9° 〜 46.7°であり，最大離角の頃には十分な高度で輝く。

内惑星である金星の満ち欠けは大きく，内合時に新月状，外合時に満月状，最大離角時に半月状になる（図 1.22）。金星の軌道長半径は 0.72 au，地球との距離は 0.28 〜 1.72 au，視半径は 30″ 〜 5″，会合周期は 583.9 日である。

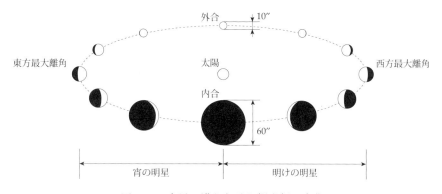

図 1.22　金星の満ち欠けと視半径の変化

（3）火星（Mars）

火星の軌道は 1.52 au で，大きさは地球の約 1/2 である。自転軸は 25.2° 傾いているため，四季が存在する。外惑星である火星は僅かに満ち欠けするものの，ほぼ満月状に見える。火星は橙色に光り，約 −3 等級である。会合周期は 779.9 日で，合を含む 120 日間は見ることはできない。

（4）木星（Jupiter）

木星は太陽系最大の惑星で，その赤道直径は地球の約 11 倍である。表面は大小の渦模様があり，大赤斑が顕著である。木星には満ち欠けが存在するもののほぼ満月状に見え，白色で最大 −2.9 等級である。会合周期は 398.9 日で，合を含む 32 日間は見ることはできない。

木星には 79 個の衛星と 3 本の環が発見されている [27]。これらの衛星のうち，ガリレオ[*5]によって発見された 4 個の大きな衛星はガリレオ衛星（イオ，エウロパ，ガニメデ，カリスト）といわれる。

[*5] Galileo Galilei（ユリウス暦 1564 年 2 月 15 日 - グレゴリオ暦 1642 年 1 月 8 日）。イタリアの物理学者，天文学者，哲学者。

（5）土星（Saturn）

　土星は環を持つことで有名だが，これを肉眼で見ることはできない。土星には満ち欠けが存在するものの，ほぼ満月状に見える。土星は淡い黄色で，最大 +0.4 等級である。会合周期は 378.1 日で，合を含む 25 日間は見ることはできない。

（6）天王星（Uranus），海王星（Neptune）

　天王星は 5.5 等級，会合周期は 369.7 日，海王星は 8 等級，会合周期は 367.5 日である。両天体とも環を持つ。両惑星には豊富な水やメタンが存在するため，木星型惑星（水素やヘリウムが主体）と区別して，天王星型惑星として区分することがある。

表 1.13　太陽系の惑星の概要 [55]

分類	惑星	組成	赤道半径	質量比	密度	赤道重力比	自転周期	赤道傾斜角
			km		$10^3 \mathrm{kg/m^3}$		d	°
内惑星	水星	岩石	2 440	0.06	5.43	0.38	58.646 2	～ 0
	金星	岩石	6 052	0.82	5.24	0.91	243.018 5	177.4
―	地球	岩石	6 378	1.00	5.51	1.00	0.997 3	23.4
外惑星	火星	岩石	3 394	0.11	3.93	0.38	1.026 0	25.2
	木星	ガス	71 492	317.8	1.33	2.37	0.413 5	3.1
	土星	ガス	60 268	95.2	0.69	0.93	0.444 0	26.7
	天王星	ガス	25 559	14.5	1.27	0.89	0.718 3	97.8
	海王星	ガス	24 764	17.2	1.64	1.14	0.671 2	27.9

表 1.14　太陽系の惑星の軌道 [56]

分類	惑星	軌道長半径 a		離心率	公転周期 T	T^2/a^3	軌道傾斜角
		au	$\times 10^{11}$ m		Jy		°
内惑星	水星	0.387 10	0.579	0.205 64	0.240 852	1.000 0	7.004
	金星	0.723 33	1.082	0.006 78	0.615 207	1.000 2	3.395
―	地球	1.000 00	1.496	0.016 70	1.000 040	1.000 0	0.002
外惑星	火星	1.523 68	2.279	0.093 42	1.880 866	1.000 0	1.849
	木星	5.202 60	7.783	0.048 53	11.861 55	0.999 2	1.303
	土星	9.554 91	14.294	0.055 49	29.532 16	0.994 7	2.489
	天王星	19.218 45	28.751	0.046 38	84.253 01	1.000 0	0.773
	海王星	30.110 39	45.044	0.009 46	165.226 9	0.994 5	1.770

Jy：ユリウス年（2.2.3 節参照）

1.5.2 ケプラーの法則

惑星は太陽を焦点とした軌道を**公転**（rev-olution）し，その公転運動はケプラーの法則（Kepler's laws of planetary motion）[*6]にしたがう。ケプラーの法則は楕円軌道の法則，面積速度一定の法則，調和の法則の 3 法則から成る。

1.5.2.1 楕円軌道の法則（第 1 法則）

惑星は太陽を 1 焦点とする楕円軌道を公転する。軌道の中心や他の焦点には何もない（図 1.23）。惑星は楕円上を運行するため

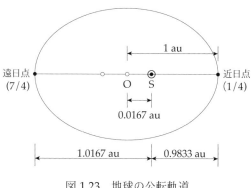

図 1.23 地球の公転軌道

太陽との距離は絶えず変化し，太陽に最も近づく点を**近日点**（perihelion），最も離れる点を**遠日点**（aphelion）という[*7]。

1.5.2.2 面積速度一定の法則（第 2 法則）

惑星と太陽を結ぶ線分が単位時間に描く面積は一定（角運動量が一定）である。惑星の公転速度は，惑星が太陽に近いところでは速く，遠いところでは遅く，太陽と惑星を結ぶ動径 SP が単位時間に描く面積（図 1.24 網掛け部分）は惑星 P の位置に依存せず一定である。

地球の公転速度の違いを暦から知ることができる。春・夏の日数は 186 日，秋・冬は 179 日で 7 日もの差がある。これは春・夏の面積 ABCS よりも，秋・冬の面積 CDAS が小さいことによる。一方，夏・秋は 183 日で，冬・春の 182 日とほぼ等しい。これは 2 至点は長軸に近い位置にあり，夏・秋の面積 BCDS と，冬・春の面積 DABS がほぼ同じためである（図 1.25，表 1.15）。

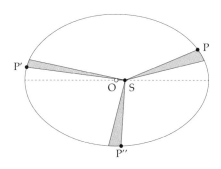

図 1.24 面積速度一定

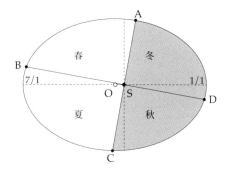

図 1.25 面積速度（季節ごとの日数）

[*6] 1619 年，ドイツの天文学者ヨハネス・ケプラー（Johannes Kepler，1571 ~ 1630 年）によって発見された。

[*7] 軌道運動する天体が中心となる天体の重力中心に最も近づく位置を**近点**（periapsis），最も遠ざかる位置を**遠点**（apoapsis）といい，中心天体が太陽のとき近日点・遠日点，地球のとき近地点・遠地点という。

表 1.15 分点および至点間の日数

年	春分 A	春	夏至 B	夏	秋分 E	秋	冬至 D	冬
2017	3/20	93	6/21	94	9/23	90	12/22	89

1.5.2.3 調和の法則（第 3 法則）

惑星の公転周期 T の 2 乗は軌道の長半径 a の 3 乗に比例する（図 1.26）。惑星の公転周期は長半径の長さのみによって決まり，惑星の種類や離心率には依存しない（表 1.14 参照）。

$$T^2 = ka^3. \tag{1.22}$$

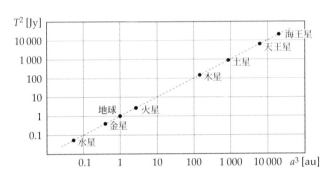

図 1.26 調和の法則

1.5.3 月

月は衛星としては非常に大きいため，地球への影響は非常に大きい。月の質量は 7.3491×10^{22} kg，地球の質量は 5.9736×10^{24} kg で，両者の共通重心 G は地球の中心 E から地球半径の $3/4$ の位置に存在し，地球と月は共通重心 G を中心に互いに公転している。潮汐にあっては，月の影響力は太陽の約 2 倍である。

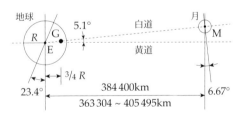

図 1.27 地球と月

月の天球上の経路を**白道**（はくどう）（moon's path）という。白道は黄道（地球の公転面）に対し約 5.1° の傾きを持ち，黄道と 2 点で交わる。これらの点を**月の交点**といい，月が黄道を南から北に通過する点を**昇交点**（ascending node），北から南に通過する点を**降交点**（descending node）という。これらの点は天球上で互いに反対の位置にある。月の交点は歳差により黄道上を移動し，18.6 年で 1 周する。

表 1.16　月 [55]

組成	赤道半径	質量比	密度	赤道重力比	自転周期	赤道傾斜角
	km	（対地球）	g/cm³	（対地球）	d	°
岩石	1738	0.01	3.34	0.17	27.3	6.67

1.5.3.1　朔望月と恒星月

　図 1.28 は朔望月と恒星月の周期を示したものである。月が正確に地球を 360° 公転したとき，地球は B まで公転する。この周期を**恒星月**といい，約 27.3 日である。この状態では太陽と地球を結ぶ線 SB 上に月 M がいないため，月の輝面の一部が見える状態である。さらに地球が C まで公転すると，月 M は太陽と地球を結ぶ線 SC 上に来て朔となる。この周期を**朔望月**といい，約 29.5 日である。したがって，月は 1 年間に，天球を約 13.4 周（= ³⁶⁵·²⁵/₂₇·₃）し，約 12.4 回（= ³⁶⁵·²⁵/₂₉·₅）朔望していることになる。

　なお，月の公転周期はその自転周期に等しいため，月は常に同じ面を地球に向けている。

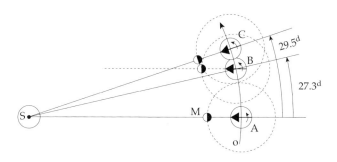

図 1.28　恒星月と朔望月

1.5.3.2　月相と月齢

　月相（phase of the moon）とは地球から見た月の太陽光の反射面の形をいい，それは太陽・地球・月の位置関係によって変化する。図 1.29 は黄道北極側から見た太陽・地球・月の位置関係と月相である。月相は朔（**新月**）から望（**満月**），そして再び朔へと日々変化する。

新月（new moon）　地心黄経差は約 0°（図 1.29 A）で，地球から月の反射面を見ることはできない。月の運行は太陽とほぼ同じで，出入は日出没とほぼ同時である。

三日月（waxing crescent）　地心黄経差は約 45°（B）となり，太陽反射面が三日月方に見えるようになる。出は日出数時間後，入は日没数時間後である。

上弦（first quarter）　地心黄経差は約 90°（C）となり，反射面の半分が半円形に見えるようになる。新月と満月の中間にあたる。日没頃，南にある。

十三夜（waxing gibbous）　地心黄経差は約 135°（D）となり，反射面の約 ³/₄ を見ることができる。

満月（full moon）　地心黄経差は約 180°（E）となり，反射面のすべてが見えるようになる。

　　月は太陽と正反対の動きをするため，日没頃出て，日出頃入となり，一晩中観測することができる。

十八夜（waning gibbous）　地心黄経差は約 225°（F）となり，反射面の一部が欠け始め，その約 3/4 を見ることができる。ただし，十三夜（D）のときとは反対側が光ることになる。

下弦（last quarter）　地心黄経差は 270°（G）となり，反射面は半円形となる。満月と新月の中間にあたる。日出頃，南にある。

二十六夜（waning crescent）　地心黄経差は約 315°（H）となり，反射面は三日月形となる。

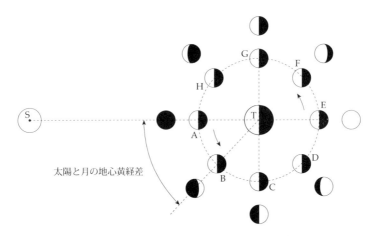

太陽と月の地心黄経差

図 1.29　太陽・地球・月の位置関係と月相

　　月齢（moon age）とは朔から経過した時間を日単位（小数点以下 1 位まで）で表したものである。朔になったその瞬間が月齢 0.0 で，その 12 時間後に 0.5，1 日後には 1.0 になる。月齢は任意の時刻を基準に定義することが可能で，通常正午を基準にしている。これを正午月齢という。

1.5.3.3　日食と月食

　　月の交点付近で朔になると**日食（solar eclipse）**が起こり（図 1.30），望になると**月食（lunar eclipse）**が起こる。

　　太陽と月の直径比は約 400 : 1 であり，地球と両天の距離比は約 400 : 1（= 1^{au} : 0.002 6^{au}）であるため，両天体はほぼ同じ大きさに見える。したがって，月が近日点にあるときに日食が起これば**皆既**日食となり（図 1.31），遠日点にあるときに起これば**金環**日食となる。

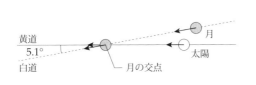

黄道
5.1°
白道
月の交点
月
太陽

図 1.30　日食

太陽
月
コロナ

図 1.31　皆既日食 [23]

1.6 恒星

太陽のように天体内部の核融合により自ら輝いている天体を**恒星**（fixed star）という。恒星は地球からはるか遠方にあり，その視位置はほとんど変化していないように見えるため恒星といわれる。

1.6.1 等級

天体の光の強さには光度と見かけの明るさがある。**光度**（luminosity: L）とは天体固有の明るさで，天体の光の全放射量をいう。**見かけの明るさ**（apparent brightness: B）とは，観測者がその天体から受けている光の量を表し，天体の光度 L に比例し，距離 d の 2 乗に反比例する。光は光源から球状に広がるので，比例定数は球の表面積 4π の逆数になる。

$$B = \frac{1}{4\pi} \cdot \frac{L}{d^2} \left[\frac{\text{W}}{\text{m}^2} \right].$$

(1.23)

1.6.1.1 実視等級

天体の明るさの指標を**等級**（magnitude）という。等級は天文学者ヒッパルコス[8]によって導入された尺度で，天体の明るさを 1 ～ 6 等級に分類したものである（表 1.17）。我々が観測する天体の等級は地球からの距離に依存する見かけの指標であり，これを**実視等級**（apparent magnitude: m）という。

表 1.17　ヒッパルコスの等級

実視等級	明るさ	個数	備考
1	夜空の最も明るい星	21	表 1.18 参照
2	明るい星	67	
3	中程度に明るい星	190	
4	暗い星	710	
5	非常に暗い星	2 000	
6	かろうじて肉眼で見える星	5 600	

人の感じる明るさは直線的でなく，対数的に変化する。天文学者ポグソン[9]は観測結果から，1 等級の明るさは 6 等級の明るさの 100 倍であることを示した。

これから，各等級間の明るさの比 r は

$$r = \sqrt[5]{100} = 2.512.$$

(1.24)

---

[8] Hipparchus（紀元前 190 年頃 - 紀元前 120 年頃），古代ギリシアの天文学者。
[9] Norman Robert Pogson（1829 年 3 月 23 日 - 1891 年 6 月 23 日)，イギリスの天文学者。

　等級は小数点以下まで表示し，1 等級より明るい場合には $m < 0$ とする。1 等星 21 個（$m < 1.5$）を表 1.18 に示す。

表 1.18　一等星一覧 [14]

星名（固有名詞）	星名	等級		赤経 h	赤緯 °
		実視	絶対		
シリウス（Sirius）	おおいぬ座 α 星	−1.5	1.4	6.8	−16.7
カノープス（Canopus）	りゅうこつ座 α 星	−0.7	−5	6.4	−52.7
リギル・ケンタウルス（Rigil Kentaurus）	ケンタウルス座 α 星	−0.3	4.4	14.7	−60.9
アークトゥルス（Arcturus）	うしかい座 α 星	−0.0	−0.1	14.3	+19.1
ベガ（Vega）	こと座 α 星	0.0	0.7	18.6	+38.8
リゲル（Rigel）	オリオン座 β 星	0.1	−7	5.3	−8.2
カペラ（Capella）	ぎょしゃ座 α 星	0.1	−0.4	5.3	+46.0
プロキオン（Procyon）	こいぬ座 α 星	0.4	2.7	7.7	+5.2
ベテルギウス（Betelgeuse）	オリオン座 α 星	0.4	−7	5.9	+7.4
アケルナル（Achernar）	エリダヌス座 α 星	0.5	−1.7	1.6	−57.1
ハダル（Hadar）	ケンタウルス座 β 星	0.6	−4.3	14.1	−60.5
アルデバラン（Aldebaran）	おうし座 α 星	0.8	−0.5	4.6	+16.5
アルタイル（Altair）	わし座 α 星	0.8	2.3	19.8	+8.9
アクルックス（Acrux）	みなみじゅうじ座 α 星	0.8	−5	12.5	−63.2
スピカ（Spica）	おとめ座 α 星	1.0	−3.2	13.4	−11.3
アンタレス（Antares）	さそり座 α 星	1.0	−5.4	16.5	−26.5
ポルックス（Pollux）	ふたご座 β 星	1.1	1.0	7.8	+28.0
フォーマルハウト（Fomalhaut）	みなみのうお座 α 星	1.2	2.0	23.0	−29.5
レグルス（Regulus）	しし座 α 星	1.3	−0.4	10.1	+11.9
デネブ（Deneb）	はくちょう座 α 星	1.3	−7.2	20.7	+45.3
ベクルックス（Becrux）	みなみじゅうじ座 β 星	1.3	−4.6	12.8	−59.8

リギル・ケンタウルス，カペラ，アクルックスは連星で，合成等級を表示。

1.6.1.2　絶対等級

　天体の絶対的な明るさの指標として**絶対等級**（absolute magnitude: M）を用いる。これは天体が地球から $10\,\mathrm{pc}$（$= 32.6\,\mathrm{ly}$）の距離にあるものと仮定したときの明るさである。絶対等級 M は式（1.23）の距離 d が一定になるので，光度 L のみに依存する。

　地球から $d\,[\mathrm{pc}]$ の距離にある天体の実視等級 m と絶対等級 M には次の関係がある。

$$M = m - 5\,(\log_{10} d - 1). \tag{1.25}$$

　太陽の場合，実視等級は $m = -26.8$，地球・太陽間距離は $d = 4.848 \times 10^{-6}\,\mathrm{pc}$ であるから，その絶対等級は

$$M = -26.8 - 5\left\{\log_{10}(4.848 \times 10^{-6}) - 1\right\} = +4.8.$$

表 1.19 に実視等級が明るい天体とその絶対等級を示す。

表 1.19 明るい天体の等級 [56]

天体	距離	実視等級	絶対等級	備考
太陽	1 au	−26.8	+4.82	
月	0.26 au	−12.7	…	満月時
金星	0.28 au	−4.7	…	内合前後
火星	1.52 au	−3.0	…	
木星	5.20 au	−3.0	…	
シリウス	2.64 pc	−1.46	+1.434	
カノープス	94.79 pc	−0.74	−5.624	
土星	9.55 au	−0.4	…	
ポラリス	132.63 pc	+2.02	−3.593	

1.6.2 星座

複数の恒星が天球上に占める見かけの配置に，その形から連想したさまざまな事物の名前を付けたものを**星座**（constellation）という。

1924 年，国際天文学連合（International Astronomical Union: IAU）により 88 個の星座に整理され，星座ごとに学名と略符が定められた（表 1.22 参照）。黄道上にある 12 の星座を**黄道 12 星座**（12 ecliptical constellations）という（表 1.20）。これらは 88 個ある星座の中で，最初に作られたものである。

星座やそれを構成する恒星を識別するために次の規約がある。

バイエル符号 星座の明るい恒星順に付けるギリシャ文字（$\alpha, \beta, \gamma, \dots$）[10]。［例］北極星：こぐま座 α 星（α UMi）。

フラムスティード番号 星座の西の恒星から順に付ける番号（1, 2, 3, ...）[11]。

メシエ番号 星雲・星団・銀河[12]に付ける番号（M1 ∼ M110）[13]。［例］アンドロメダ銀河（Andromeda Galaxy）：M31。

ニュージェネラルカタログ 星雲・星団・銀河・連星に付ける番号（NGC 1 ∼ NGC 6025）[14]。多くの星雲・星団・銀河はメシエ番号と NGC 番号を持つ。［例］アンドロメダ銀河：NGC 224。

固有名詞 明るい恒星等に付けられた固有名詞（表 1.18 等参照）。

---

[10] Johann Bayer（ドイツの天文学者，1572 年 - 1625 年 3 月 7 日）による。

[11] John Flamsteed（イギリスの天文学者，1646 年 8 月 19 日 - グレゴリオ暦 1719 年 1 月 12 日）による。

[12] 星雲（nebula）とは重力により集まった宇宙塵や星間ガスなどから成るガスをいう。星団（star cluster）とは互いの重力によって集まった恒星の集団で，散開星団（数 10 ∼ 数 100 の恒星群。例：おうし座のプレアデス星団（すばる））と球状星団（数十万の恒星群）に分類される。銀河（galaxy）とは恒星，ガス状の星間物質，宇宙塵，暗黒物質（ダークマター）等が重力によって拘束された巨大な天体をいう。

[13] Charles Messier（フランスの天文学者，1730 年 6 月 26 日 - 1817 年 4 月 12 日）による。

[14] John Frederick William Herschel（イギリスの天文学者，1792 年 3 月 7 日 - 1871 年 5 月 11 日）による。

表 1.20 黄道 12 星座

星座名	赤経	赤緯	備考
	h m	°	
うお座（Pisces）	0 20	+10	春分点
おひつじ座（Aries）	2 30	+20	
おうし座（Taurus）	4 30	+18	α：アルデバラン，夏至点
ふたご座（Gemini）	7 00	+22	α：カストロ，β：ポルックス
かに座（Cancer）	8 30	+20	
しし座（Leo）	10 30	+15	α：レグルス，β：デネボラ
おとめ座（Virgo）	13 20	−2	α：スピカ，秋分点
てんびん座（Libra）	15 10	−14	
さそり座（Scorpius）	16 30	−26	α：アンタレス
いて座（Sagittarius）	19 00	−25	冬至点
やぎ座（Capricornus）	20 50	−20	
みずがめ座（Aquarius）	22 20	−13	

　星座ではないが特徴的な星々の並びを**星群**（asterism）という。星群は幾つかの星座にまたがっている場合もあれば，一つの星座内にある場合もある（表 1.21）。

表 1.21 星群 [28]

星群名	星座名，星名
北斗七星（Big Dipper）	おおぐま座
小柄杓（Little Dipper）	こぐま座
W	カシオペア座
春の大曲線	北斗七星，アークトゥルス，スピカ
春の大三角（Spring Triangle）	ベガ，アルタイル，デネブ
夏の大三角（Summer Triangle）	アルタイル，デネブ，ベガ
北十字星（Northern Cross）	はくちょう座
冬の大三角（Winter Triangle）	シリウス，プロキオン，ベテルギウス
冬のダイヤモンド	シリウス，プロキオン，ポルックス，カペラ，アルデバラン，リゲル
ニセ十字（False Cross）	ほ座，りゅうこつ座
南斗六星（Teapot）	いて座

1.7　天体位置のずれ

　地球の歳差および章動による座標の変化以外に，天体固有の動きや地球の公転・自転により，天体の視位置と真位置は異なることがある。視位置（視赤経・視赤緯）とは地心から見た瞬時の真赤道と真春分点により定義された座標系における天体の位置をいう。

1.7.1　固有運動

　恒星は天空のある一点に留まっているように見えるが，実は僅かずつ動いている。天体の位置変化のうち，歳差による座標変化を除いたものを**固有運動**（proper motion）という。我々から見た恒星の運動は方向と距離を変化させていると考えられるが，固有運動は方向の変化のみを考慮する。

　固有運動は非常に小さく約 100 光年の距離にある恒星で 1 年に 0.1″ 程度で，近距離の恒星ほど大きい傾向がある [3]。

1.7.2　光行差

　観測者の運動により，天体の方向が実際よりも観測者の運動方向に若干ずれて見える見かけの現象を**光行差**（aberration of light）という。雨天時，電車の窓に落ちる雨滴を考えるとよい。雨は鉛直に降っているものとすると，電車が停車しているときは鉛直に降るように見えるが，走行を始めると雨滴は次第に走行方向から斜めに降っているように見え，速さが増すにしたがってさらに斜めに見える。

　光行差 a は光速 c に対する観測者の速度 v の比で表される。光速は 3×10^8 m/s と非常に速いため，光行差は非常に小さな値となる。

$$a = \frac{v}{c} \sin\theta. \tag{1.26}$$

　ここで，θ は観測者の速度の方向と天体の角度を表しており，直角方向にあるとき光行差は最大となる。

　光行差には次のものがある。

年周光行差　　地球の公転によって起こる光行差を**年周光行差**（annual aberration）という。地球の公転速度は平均で約 3×10^4 m/s であるため，年周光行差は最大で 20.5″（$= \frac{3 \times 10^4}{c}$）となる。公転面に対して垂直方向（黄道北極方向）にある天体は半径 20.5″ の円を描き，公転面に近づくにつれ天体は長軸 41.0″，短軸は公転面からの角度に応じた長さの楕円を描くように見える。公転面上にある天体では 41.0″ の距離を往復するように見える。この軌跡を光行差楕円という。

日周光行差　　地球の自転による光行差を**日周光行差**という。自転速度は赤道上で最大 465m/s であるため，日周光行差は約 0.32″（$= \frac{465}{c}$）となる。天体が日周運動に対して垂直な方向にある南中時に日周光行差は最大となる。

1.7.3　年周視差

　太陽から見た位置と地球から見た位置のずれを**年周視差**という。年周視差による天体の運動は，黄道の極付近にある恒星はほぼ円の上を，黄道に近い恒星ほど楕円の上を動くようになり，黄道付近の恒星は直線上を往復するように見える。一般にこの軌跡を視差楕円という。

1.8　天体の観察

洋上では暗夜を得ることができ，晴天の日には多くの恒星と惑星を見ることができる。

1.8.1　肉眼による観察

全天球の配置や星座など広がりのある天体の観察には肉眼が適している。天体の広がり具合や概略の高度を知るには，腕を伸ばした状態での掌や拳，わかりやすい星座の恒星間角距離を目安として使うとよい（図 1.32，図 1.33）。概略高度を知ることは六分儀で天体を捉える際，非常に有効である。

掌や拳の場合

- 小指の幅：∼ 1°
- 拳の薬指から人差し指の幅：∼ 7°
- 拳の幅：∼ 10°
- 掌を開いた状態で親指の先から小指の幅：∼ 22°

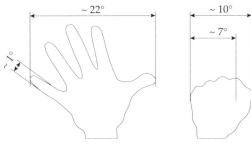

図 1.32　掌や拳の利用

天体の場合

- Polaris - Dubhe 間：∼ 30°
- Dubhe - Alkaid 間（北斗七星）：∼ 25°
- Rigel - Betelgeuse 間（オリオン座）：∼ 20°
- その他：式（3.50）により計算する

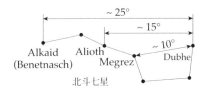

図 1.33　星座の利用

1.8.2　双眼鏡による観察

天体を拡大したり，薄明時に淡い光の恒星を探すには**双眼鏡**（binoculars）を利用するとよい。

双眼鏡はレンズによって作られる倒立像をプリズムの反射を利用して正立像に直しており，このプリズムの使い方によって，ポロ（porro）プリズム式とダハ（dach）プリズム式に分類される。

　ポロ式　1854 年，イタリアのポロによって考案された。ポロプリズム内ではすべての反射面が全反射するため光度が高く，対物レンズの口径を大きく設計できるので光を取り込みやすい。反面，ポロプリズムを使用するためプリズムの格納に場所を要し，双眼鏡が大きくなる。ポロ式は航海や天体観測に最適である。

　ダハ式　19 世紀後半，主流だったポロ式を小型化するためにドイツで開発された。対物レ

ンズと接眼レンズが一直線に配置されるため，横幅を狭くし全体を小さくまとめることができる。その反面，光路は眼幅に制限されるため，60mm 以上の対物レンズを配置することはできない。ダハプリズム内では反射面が全反射でないため，光の損失が起こる。

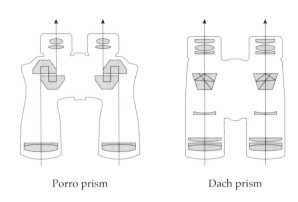

Porro prism　　　　　Dach prism

図 1.34　双眼鏡の種類

双眼鏡の性能は "7×50, 7.3°"（倍率 7 倍，口径 50mm，実視界 7.3°）と表される。

倍率　肉眼で見たときの「1 / 倍率」の距離まで近づいたように見えることを意味する。したがって，倍率が大きいほど遠方のものを引き寄せることができる。7 倍の双眼鏡であれば，700m にある物標は 100（= $\frac{700}{7}$）m まで近づいたように見える。

口径　対物レンズの有効径をいう。口径が大きいほど入射する光の量が多くなるので，より暗い物体を視認できる。

実視界　見える範囲の角度をいう。実視界が大きいほど視界は広くなる。実視界が 7.3° とは，拳の薬指から人差し指の幅程度である（図 1.32 参照）。

見かけの視界　倍率分近づいて物体を見たとき，その物体の見える角度をいう。倍率を a，実視界を 2ω，見かけの視界を $2\omega'$ とすると，$\tan\omega' = a\tan\omega$ の関係が成り立つ。実視界が 7.3° の双眼鏡では，見かけの視界は 48.1° となる。

瞳径　接眼部での光束の直径をいい，瞳径が大きいほど視界が明るく，薄明における天体観察時に威力を発揮する。人の瞳は暗闇にあって最大 7mm まで開くので，瞳径は 7mm あれば十分である。「瞳径 = 口径 / 倍率」の関係から，7×50 の双眼鏡であれば瞳径は 7.14（= $\frac{50}{7}$）となり十分な明るさを得られる。

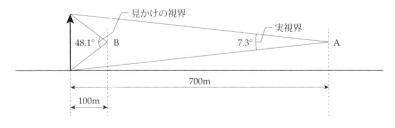

図 1.35　双眼鏡の性能（7×50, 7.3° の場合）

1.9　天体の配置

　星測を実施するためには，目的とする天体を見つけ出す必要がある。顕著な恒星，星座，星群をもとに，図形的なつながりから目的の天体を探索するとよい。恒星略図で天体の配置とつながりを確認されたい（図 1.36 ～ 図 1.38 参照）。

北斗七星　　この星群はすべて 2 等星以下で構成されているが，柄杓の形から発見は容易である。この星群を利用して天の北極付近の恒星を探すことができる。
- 柄杓の β, α 星の方向にその間隔を約 5 倍延長すると北極星に至る。また，北極星の高度は観測者の緯度にほぼ等しいので，観測地の緯度がわかるならば発見は容易である。
- 柄杓の δ, α 星を結ぶ方向にカペラがある。
- ζ, δ 星を結ぶ方向にふたご座のカストロ，ポルックスがある。
- 柄杓の δ, γ 星を結ぶ方向にレグルスがあり，反方向にベガがある。

カシオペア座　　北極星を中心に北斗七星のほぼ反対側に位置する。その W 形から発見は容易である。
- α, γ, δ 星で作る菱形の γ 星を含む対角線を γ 星側に約 5 倍延長すると北極星に至る。
- γ, α 星を結ぶ方向にアルフェラッツがある。
- 北極星，β 星，アルフェラッツを結ぶ線は春分点 Υ に至る。

春の大曲線　　北斗七星の柄の ϵ, ζ, η 星を延長していくと，アークトゥルス，スピカがある。これらを結ぶ線は春の大曲線を作る。

春の大三角　　アークトゥルス，スピカ，デネボラは春の大三角を作る。アークトゥルス，デネボラを結ぶ線はレグルスに至る。

夏の大三角　　ベガ，デネブ，アルタイルは夏の大三角を作る。また，ベガとアルタイルの間に天の川（milky way）が横たわる。

さそり座　　S 字形をしたさそり座はその特徴的な形から発見は容易である。その中心にアンタレスがある。さそり座の東にいて座がある。いて座の一部は南斗六星ともいわれ，6 星で小さな柄杓を作る。

冬の大三角　　シリウス，プロキオン，ベテルギウスは冬の大三角を作る。

冬のダイヤモンド　　シリウスの周囲には一等星が数多くある。シリウス，プロキオン，ポルックス，カペラ，ベテルギウス，リゲルは冬のダイヤモンド（6 角形）を作る。

みなみじゅうじ座　　みなみじゅうじ座は十字の形をした最小の星座である。十字の長い軸と，ケンタウルス座 α, β 星（ポインターズ）に直角な線が交差する点がほぼ天の南極である。

ニセ十字　　ほ座の δ, κ 星，りゅうこつ座の ι, ϵ 星を結ぶと十字架の形になり，みなみじゅうじ座と見誤りやすい。

1.9.1 恒星略図

恒星略図には，赤道座標（赤緯，赤経，天の赤道），黄道・太陽（毎月1日位置⊙），星座・一等星◉が記載されている。図1.36 ～ 図1.38 では，星群や天体のつながりを破線で示した。

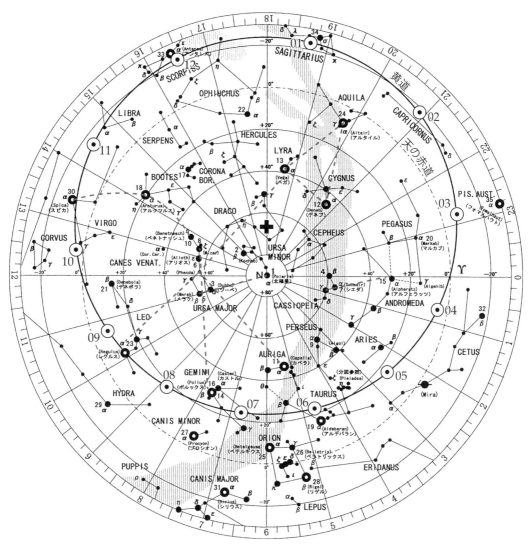

図 1.36 恒星略図（北半球）

（出所：海上保安庁海洋情報部編『平成 30 年 天測暦』恒星略図を改）

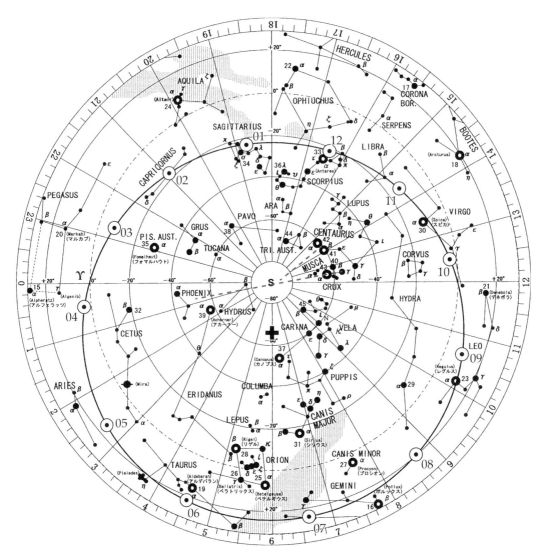

図 1.37　恒星略図（南半球）

（出所：海上保安庁海洋情報部編『平成 30 年 天測暦』恒星略図を改）

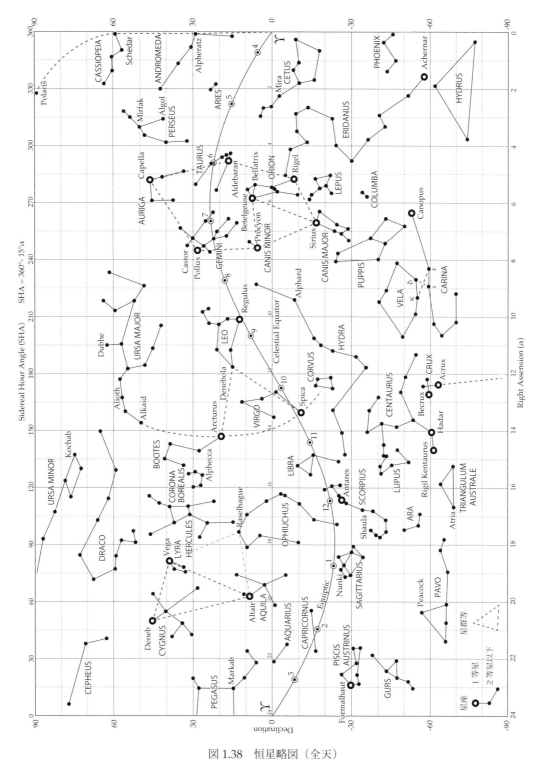

図 1.38 恒星略図（全天）

（出所：U.S. Naval Observatory (Astronomical Applications Dep.) "Navigational Star Chart"を改）

1.9.2　88 星座

表 1.22 に星座の名称とその略符を示す。

表 1.22　88 星座の名称と略符 [29] [31]

略符	学名	和名	略符	学名	和名
And	Andromeda	アンドロメダ	Lac	Lacerta	とかげ
Ant	Antlia	ポンプ	Leo	Leo	しし
Aps	Apus	ふうちょう	Lep	Lepus	うさぎ
Aql	Aquila	わし	Lib	Libra	てんびん
Aqr	Aquarius	みずがめ	LMi	Leo Minor	こじし
Ara	Ara	さいだん	Lup	Lupus	おおかみ
Ari	Aries	おひつじ	Lyn	Lynx	やまねこ
Aur	Auriga	ぎょしゃ	Lyr	Lyra	こと
Boo	Bootes	うしかい	Men	Mensa	テーブルさん
Cae	Caelum	ちょうこくぐ	Mic	Microscopium	けんびきょう
Cam	Camelopardalis	きりん	Mon	Monoceros	いっかくじゅう
Cap	Capricornus	やぎ	Mus	Musca	はえ
Car	Carina	りゅうこつ	Nor	Norma	じょうぎ
Cas	Cassiopeia	カシオペア	Oct	Octans	はちぶんぎ
Cen	Centaurus	ケンタウルス	Oph	Ophiuchus	へびつかい
Cep	Cepheus	ケフェウス	Ori	Orion	オリオン
Cet	Cetus	くじら	Pav	Pavo	くじゃく
Cha	Chamaeleon	カメレオン	Peg	Pegasus	ペガスス
Cir	Circinus	コンパス	Per	Perseus	ペルセウス
CMa	Canis Major	おおいぬ	Phe	Phoenix	ほうおう
CMi	Canis Minor	こいぬ	Pic	Pictor	がか
Cnc	Cancer	かに	PsA	Piscis Austrinus	みなみのうお
Col	Columba	はと	Psc	Pisces	うお
Com	Coma Berenices	かみのけ	Pup	Puppis	とも
CrA	Corona Australis	みなみのかんむり	Pyx	Pyxis	らしんばん
CrB	Corona Borealis	かんむり	Ret	Reticulum	レチクル
Crt	Crater	コップ	Scl	Sculptor	ちょうこくしつ
Cru	Crux	みなみじゅうじ	Sco	Scorpius	さそり
Crv	Corvus	からす	Sct	Scutum	たて
CVn	Canes Venatici	りょうけん	Ser	Serpens	へび
Cyg	Cygnus	はくちょう	Sex	Sextans	ろくぶんぎ
Del	Delphinus	いるか	Sge	Sagitta	や
Dor	Dorado	かじき	Sgr	Sagittarius	いて
Dra	Draco	りゅう	Tau	Taurus	おうし
Equ	Equuleus	こうま	Tel	Telescopium	ぼうえんきょう
Eri	Eridanus	エリダヌス	TrA	Triangulum Australe	みなみのさんかく
For	Fornax	ろ	Tri	Triangulum	さんかく
Gem	Gemini	ふたご	Tuc	Tucana	きょしちょう
Gru	Grus	つる	UMa	Ursa Major	おおぐま
Her	Hercules	ヘルクレス	UMi	Ursa Minor	こぐま
Hor	Horologium	とけい	Vel	Vela	ほ
Hya	Hydra	うみへび	Vir	Virgo	おとめ
Hyi	Hydrus	みずへび	Vol	Volans	とびうお
Ind	Indus	インディアン	Vul	Vulpecula	こぎつね

第 2 章

時刻と暦

2.1 時刻

我々が日常使う**時**には，次の条件が必要である。

- 一様の時間尺度（規則正しく反復するもの）で時を刻むこと
- 太陽の日周運動とのずれが長年にわたって起こらないこと

最初に時として利用されたものは**地球の自転**である。地球自転による太陽の運行は我々の生活に密着しており，また，地球の自転は一様の時間尺度を持つと考えられたためである。しかし，観測の精度の向上により，地球の自転角速度は一様ではないことがわかった。

次に利用されたものは**地球の公転**で，地球・惑星・月の公転運動に基準をおく純理論的，純力学的な時刻系で一様である。暦表時は暦表秒に基づく時刻系である。

現在は，原子を基準とする極めて正確な**原子時**に移行した。しかし，原子時は地球の自転とは全く関係なく時を刻むため，一様でない地球の自転との間にずれが生じることになった。地球の自転による時刻と原子による時刻が長年にわたって起こらないためには，地球の自転や公転を基準にした時刻と原子時計を基準にした時刻とを併せ持つ時刻系が必要である。そこで，地球の自転に原子時計を同調させた**協定世界時**を使用することにした。

地球の自転，および公転を基準にした時刻は重力を基本にした時刻であり，原子の放射による時刻は電磁気を基本にした時刻である。これら 3 つの時刻系は互いに独立した時刻系であって，特定の式で他に変換できるものではない。

なお，天測の精度から見るとグリニッジ平均太陽時（GMT），世界時（UT），協定世界時（UTC）を同一の時刻として扱って差し支えない（[49] 序，[53] P.254）。

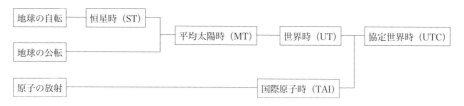

図 2.1　時刻体系 [3]

2.1.1　地球の自転による時

地球の自転による時は地球を時計に見立て，地球の自転量を時間で表したものと考えるとよい。自転量は基準となる子午線と基準となる天体によって定義される。

2.1.1.1　基準となる子午線と天体

図 2.2 は基準となる子午線と天体を描き込んだ赤道面図で，周囲の数字はグリニッジ時角である。

基準となる子午線には，グリニッジ子午線（PG）と測者の子午線（PQ）があり，前者による時をグリニッジ時（Greenwich time: T），後者による時を地方時（local time: t）という。

グリニッジ時 T と地方時 t の関係は，経度を λ とすると，

$$t = T + \lambda. \tag{2.1}$$

基準となる天体には，春分点（Vernal equinox: ♈），視太陽（apparent sun: ☉），および平均太陽

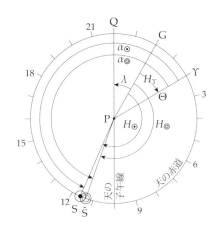

図 2.2　地球の自転による時

（mean sun: ◎）があり，それぞれによる時を恒星時（sidereal time: ST），視太陽時（apparent time: AT），および平均太陽時（mean time: MT）という。

本書では，グリニッジ時を T，地方時を t とし，基準となる天体の記号 ♈, ☉, ◎ を添え字として時刻を表す。なお，恒星時については，グリニッジ恒星時を Θ，地方恒星時を θ とする。

表 2.1　地球の自転による時

時刻	基準天体	基準子午線	
		グリニッジ子午線	測者の子午線
恒星時 ST	春分点 ♈	グリニッジ恒星時 GST, Θ	地方恒星時 LST, θ
視太陽時 AT	視太陽 ☉	グリニッジ視太陽時 GAT, $T_\odot$	地方視太陽時 LAT, $t_\odot$
平均太陽時 MT	平均太陽 ◎	グリニッジ平均太陽時 GMT, $T_\circledcirc$	地方平均太陽時 LMT, $t_\circledcirc$

2.1.1.2　恒星時

春分点の時角 $H_♈$ を恒星時という。恒星時は時とはいうものの我々が使う時刻とは異なり，春分点に対する地球の自転量を表す。

$$\Theta = H_♈. \tag{2.2}$$

【例】　図 2.2 に示すグリニッジ恒星時 Θ，および Q における地方恒星時 θ を求めよ。

【解】　$\Theta = \angle\mathrm{GP}♈ = 2^{\mathrm{h}}$, $\theta = \Theta + \lambda = 2^{\mathrm{h}} + 2^{\mathrm{h}} = 4^{\mathrm{h}}$.

2.1.1.3 視太陽時

視太陽の時角 $H_\odot$ に 12^h を加えた時刻を視太陽時（視時）$T_\odot$ という。12^h を加えたのは，視正午が 0^h になり日付が変わることを避け，12^h とするためである。時角は式（1.20）から，

$$H_\odot = \Theta - \alpha_\odot. \tag{1.20}$$
$$\therefore \ T_\odot = H_\odot + 12^h. \tag{2.3}$$

【例】 図 2.2 に示すグリニッジ視太陽時 $T_\odot$，および Q における地方視太陽時 $t_\odot$ を求めよ。

【解】 $T_\odot = H_\odot + 12^h = 11.5^h + 12^h = 23.5^h$，$t_\odot = T_\odot + \lambda = 23.5^h + 2^h = 1.5^h$.（日付は異なる）

視太陽は運行速度が一様ではないため，視太陽時は一様でないという大きな欠点を持つ。視太陽の運行速度が一様でない要因は次による。

公転速度の変化 地球は太陽を 1 焦点とする楕円軌道上を公転しているため，太陽からの距離は絶えず変化する。面積速度一定であるから，地球の公転速度は近日点付近では速く，遠日点付近では遅い。

黄道の傾斜 黄道は天の赤道に対し 23.4° 傾斜しているため，太陽の赤緯は絶えず変化する。視太陽の運行速度が一定であると仮定しても，運行速度の東西成分は異なり，春

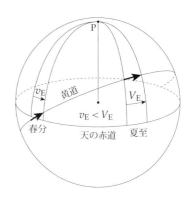

図 2.3 黄道の傾斜による均時差

分・秋分前後では遅く，夏至・冬至前後では速い（図 2.3 $v_E < V_E$）。

2.1.1.4 平均太陽時

平均太陽は視太陽の欠点を解消するために導入された仮想太陽で，**均一な速力で天の赤道上**を運行する。平均太陽は視太陽の近傍にあり，近日点および遠日点において両太陽の赤経が一致する。

平均太陽の時角 $H_\odot$ に 12^h を加えた時刻を平均太陽時（平時）$T_\odot$ という。平均太陽時は一様な時である。時角は式（1.20）から，

$$H_\odot = \Theta - \alpha_\odot. \tag{1.20}$$
$$\therefore \ T_\odot = H_\odot + 12^h. \tag{2.4}$$

【例】 図 2.2 に示すグリニッジ平均太陽時 $T_\odot$，および Q における地方平均太陽時 $t_\odot$ を求めよ。

【解】 $T_\odot = H_\odot + 12^h = 11.3^h + 12^h = 23.3^h$，$t_\odot = T_\odot + \lambda = 23.3^h + 2^h = 1.3^h$.（日付は異なる）

2.1.1.5　均時差

視太陽時と平均太陽時との間に生じる時間差を均時差（equation of time: ϵ）という。

$$\epsilon = T_\odot - T_\circledcirc = t_\odot - t_\circledcirc. \tag{2.5}$$

また，式（2.3），式（2.4）から，

$$\epsilon = \alpha_\circledcirc - \alpha_\odot. \tag{2.6}$$

図 2.4 は均時差の年変化を実線で，発生要因である公転速度の変化を一点鎖線で，黄道の傾斜を破線で示したものである。均時差は両要因を合成したもので，春分から秋分にかけて比較的小さく，秋分から春分にかけて大きく，2 月中旬に最小約 -14.2^{m}，11 月初旬に最大約 $+16.5^{\mathrm{m}}$ になる。

図 2.5 は平均太陽を原点，横軸を均時差，縦軸を赤緯とし，視太陽の運行を表したものである。視太陽は平均太陽を中心に "8" の字を描くように運行し，平均太陽と重なることはない。

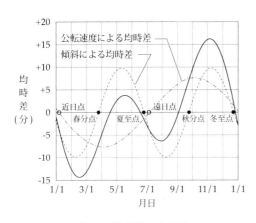

図 2.4　均時差の年変化

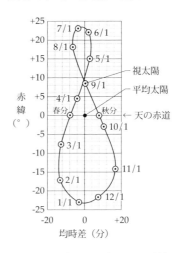

図 2.5　平均太陽と視太陽の関係

2.1.1.6　世界時

本初子午線（Prime meridian）[*1] における平均太陽時を世界時（Universal Time: UT）という。世界時には，UT0，UT1，UT2 があり，現在は UT1 を指す [3] [60]。

UT0　UT0 は恒星の日周運動，月や人工衛星の継続観測によって決められる世界時である。観測地の経度を λ，天体観測から得られた恒星時を θ，その時刻の平均太陽の赤経を $\alpha_\circledcirc$ とすると，次式で表される [*2]。

[*1] 基準点子午線。経度 0°0′0″と定義された子午線で IERS 基準子午線が使用されている。以前本初子午線として用いられていたグリニッジ子午線は IERS 基準子午線の西 5.310 1″（102.478m）の位置を通過している。両子午線は非常に近いので，グリニッジ子午線を本初子午線の意味で用いることがある [33]。本書では両子午線を同義として扱う。

[*2] 式（2.7）を順に変形してみると，$\mathrm{UT0} = \theta - \lambda - \alpha_\circledcirc - 12^{\mathrm{h}} = \Theta - \alpha_\circledcirc - 12^{\mathrm{h}} = H_\circledcirc - 12^{\mathrm{h}} = T_\circledcirc.$

$$UT0 = \theta - \lambda - \alpha_\odot - 12^\text{h}. \tag{2.7}$$

UT0 は地球の極運動の補正を含まないため，異なる観測地で同時刻に求めた UT0 は異なり，世界共通の時刻ではない。極運動とは地球の地理学的極と自転軸の極とのずれによる極の運動をいい，地球上の任意の場所の地理学的位置が数メートルずれる原因となる。極運動は地球の自転軸が天球に対して方向を変える歳差や章動とは異なる。

UT1 UT1 は UT0 から極運動を補正して計算される値で，地球上のどこにあっても同じ時刻になる。補正量を $\Delta\lambda$ とすると，

$$UT1 = UT0 + \Delta\lambda. \tag{2.8}$$

UT1 は地球の自転を最も忠実に表した時刻ではあるが，地球の自転角速度は一様ではないため，1 日に約 $\pm 3^\text{ms}$ の不確定性を持つ[*3]。

UT2 UT2 は UT1 に地球の自転速度の変動のうち年周期・半年周期等の成分を補正し，年間を通して平均化した時刻である。UTC（2.1.4 節）が始まった 1972 年以降はほとんど使われることがない。

2.1.1.7 恒星日と太陽日

春分点を基準にした地球の 1 自転を 1 恒星日（sidereal day）といい，太陽を基準にしたものを 1 太陽日（solar day）という。図 2.6 は地球の 1 日の自転および公転の様子を示したものである。

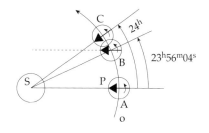

A 観測地 P に太陽が正中した状態
B 観測地 P が A の状態から正確に 360° 自転した状態
C 観測地 P に太陽が再度正中し，A の状態から 360° 以上自転した状態

図 2.6　恒星日と太陽日

$\overset{\frown}{AB}$ の公転に要した時間が 1 恒星日，$\overset{\frown}{AC}$ に要した時間が 1 太陽日であり，1 太陽日は 1 恒星日に比べ $\overset{\frown}{BC}$ だけ余計に公転している。これは，1 太陽年（$365.242\,2^\text{d}$）の間に，地球は $366.242\,2$ 自転することを意味する。

したがって，1 恒星日 $d_\star$ を 1 太陽日 $d_\odot$ で表すと，

[*3] 地球自転速度の変動要因として次が考えられる。

　長年減速　月と太陽の潮汐力による海洋潮汐摩擦が原因と考えられている。100 年間に 1 日の長さが約 $^{1\text{d}}/_{1000}$（$= 86.4^\text{s}$）長くなる（表 2.2 参照）。

　周期的変動　地球の大気や海水などが 1 年を周期として移動・変動することが主な原因で，地球の自転速度は 1 年を周期として約 0.025^s 変動している。その他，月と太陽の潮汐力による固体潮汐も原因と考えられる。

　不規則変動　地球内部の液体核の運動に大きな変化が生じて引き起こされるものと考えられている。1897 年には 1 年間に 1 日の長さが 0.034^s も長くなった。

$$1\,d_\star = \frac{365.242\,2}{366.242\,2}\,d_\odot = 0.997\,269\,6 \times 24^{\rm h} \simeq 23^{\rm h}56^{\rm m}04^{\rm s}. \tag{2.9}$$

1 恒星日は 1 太陽日よりも約 $3^{\rm m}56^{\rm s}$ 短く，恒星時は太陽時よりも早く進む。

世界時 $0^{\rm h}$ における恒星時を Θ_0 とすると，世界時 U における恒星時 Θ は

$$\Theta = \Theta_0 + \frac{366.242\,2}{365.242\,2}\,U = \Theta_0 + 1.002\,737\,9\,U. \tag{2.10}$$

2.1.2 地球の公転による時

地球・惑星・月の公転運動に基準をおく純理論的・純力学的な時刻系を**暦 表 時**（Ephemeris Time: ET）という。暦表時は**力学時**（dynamical time: DT）[*4]の一種である。力学時（暦表時）は地球の自転変動に影響されない一様な時刻系である。

暦表秒（暦表時 1900 年 1 月 0 日 12 時における回帰年の $1/31\,556\,925.974\,7$）は 1956 年から 1967 年まで SI 秒の基準であったが 1984 年に廃止され，それ以降は次の力学時が用いられている。

2.1.2.1 太陽系力学時

太陽系重心を原点とする座標系（太陽系準拠系）の力学時を**太陽系力学時**（barycentric dynamical time: TDB）といい，太陽を周回する惑星などの運動を記述するのに用いられる。

2.1.2.2 地球力学時

地球重心を原点とする座標系（地心準拠系）の力学時を**地球力学時**（terrestrial dynamical time: TDT）といい，地球を周回する人工衛星等の運動を記述するために用いられる。TDT の秒の単位は国際原子時（TAI）と同じで，1997 年 1 月 1 日 $0^{\rm h}0^{\rm m}0^{\rm s}$ TAI を同年同月 $1.000\,372\,5$ 日 TDT とした。これらには次の関係がある。

$$\text{TDT} - \text{TAI} = 32.184^{\rm s}. \tag{2.11}$$

ここで，$32.184^{\rm s}$ は暦表時との連続性を保つための定数である [59]。

2.1.3 原子時

1967 年 10 月に開催された第 13 回国際度量衡総会（CGPM）[*5]において「1 秒は ^{133}Cs（セシウム 133）の原子の基底状態における 2 つの超微細構造順位の間に遷移に対応する放射の $9.192\,631\,770 \times 10^9$ 周期の継続時間」と定義された。

この定義による時を**原子時**（Atomic Time: AT）といい，国際度量衡局が世界 50 カ国以上の約 300 個の原子時計のデータを比較総合して決定した原子時を**国際原子時**（International Atomic Time: TAI）という。1958 年 1 月 1 日 $0^{\rm h}0^{\rm m}0^{\rm s}$UT2 の瞬間を 1958 年 1 月 1 日 $0^{\rm h}0^{\rm m}0^{\rm s}$TAI とし，積算を始めた [55]。

[*4] 暦表時はニュートン力学理論によるものであり，力学時は相対性理論を加味したものである。

[*5] メートル条約に基づき，国際単位系を維持するために，加盟国により開催される総会議。国際度量衡委員会（CIPM）および国際度量衡局（BIPM）の上位機関に位置づけられる。

2.1.4 協定世界時

我々が日常使用する時間は**協定世界時**（Coordinated Universal Time: UTC）である。

協定世界時は原子時に基づき，地球の自転に基づく世界時との時刻差が一定範囲内（| UT1 − UTC | ≤ 0.9^s）に収まるように管理された人工的な時刻系で，必要に応じて **閏秒** という 1^s を挿入し，UT1 との差を整数秒とする時刻である。閏秒の調整があるため，協定世界時は不連続な時刻系である。

閏秒の挿入日は第 1 優先順位として世界時の 12 月または 6 月の末日，第 2 優先順位として 3 月か 9 月の末日である（更に必要があれば任意の月の末日）。その日の最終秒 23^{h}59^{m}59^s の後に ±1^s を挿入する。2019 年現在，27 回閏秒が挿入されている（表 2.2，図 2.7）。

表 2.2 閏秒の挿入実績 [63]

回	MJD	年/月/日	閏秒	UTC − TAI
	41 317.0	1972/1/1	-	−10
1	41 499.0	1972/7/1	+1	−11
2	41 683.0	1973/1/1	+1	−12
3	42 048.0	1974/1/1	+1	−13
4	42 413.0	1975/1/1	+1	−14
5	42 778.0	1976/1/1	+1	−15
6	43 144.0	1977/1/1	+1	−16
7	43 509.0	1978/1/1	+1	−17
8	43 874.0	1979/1/1	+1	−18
9	44 239.0	1980/1/1	+1	−19
10	44 786.0	1981/7/1	+1	−20
11	45 151.0	1982/7/1	+1	−21
12	45 516.0	1983/7/1	+1	−22
13	46 247.0	1985/7/1	+1	−23
14	47 161.0	1988/1/1	+1	−24
15	47 892.0	1990/1/1	+1	−25
16	48 257.0	1991/1/1	+1	−26
17	48 804.0	1992/7/1	+1	−27
18	49 169.0	1993/7/1	+1	−28
19	49 534.0	1994/7/1	+1	−29
20	50 083.0	1996/1/1	+1	−30
21	50 630.0	1997/7/1	+1	−31
22	51 179.0	1999/1/1	+1	−32
23	53 736.0	2006/1/1	+1	−33
24	54 832.0	2009/1/1	+1	−34
25	56 109.0	2012/7/1	+1	−35
26	57 204.0	2015/7/1	+1	−36
27	57 754.0	2017/1/1	+1	−37

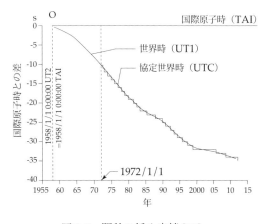

図 2.7 閏秒の挿入実績 [63]

閏秒の存続には賛否両論があり，存続するかどうかは 2023 年の世界無線通信会議（WRC）で議論されることになっている [61]。

廃止理由として，

- 閏秒により，UTC は不連続な時刻系となっている。
- 閏秒の調整を手動で行うため，時計間の不整合が起こりやすい。これは航空管制システム等の事故につながる可能性がある。

一方，存続理由として，

- 天体観測・アンテナ制御等の機器やその制御には，UT1 と UTC の差が 1^s を超えないという前提で設計されているものも少なくない。
- 市民生活は依然地球の自転と同期しており，UT1 と UTC の差が累積するのは好ましくない。

2.1.5　その他の時刻

全世界で統一的な時刻を使用すると，時刻が地域の生活に合わないという不都合が生じる。したがって，地域において活動しやすい時刻を導入する必要がある。

2.1.5.1　地方時

地方平時 $t_\odot$ は UTC からその地の経度時異なった時刻である。

$$t_\odot = \mathrm{UTC} + \lambda. \tag{2.12}$$

グリニッジ平時 $T_\odot$ についても，経度 $\lambda = 0°$ における地方平時と考えるとよい。

$$T_\odot = \mathrm{UTC} + 0. \tag{2.13}$$

2.1.5.2　標準時

地方平時はその地の経度に依存する時刻であり，経度の違いによって時刻に違いが発生するため，地方ごとに異なる時刻を用いるという不都合が生じる。これを解消するため，国や広い地域において，基準経度 Λ による**標準時**（standard time: S）が使用されている。

$$S = \mathrm{UTC} + \Lambda. \tag{2.14}$$

地方平時を標準時に変換するには，式（2.12），式（2.14）から，

$$S = t_\odot - \lambda + \Lambda. \tag{2.15}$$

経度 $15°$ が時間 1^h に相当することから，各国が採用する基準経度は $15°$ の整数倍とすることが多い。標準時は国や地域の東西への広がり，都市の位置と人口密度，その標準時の利便性等，行政面から決定される。

日本は $135°\mathrm{E}$ を基準経度とする日本標準時（Japan Standard Time: JST, $\mathrm{UTC} + 9^\mathrm{h}$）のみを定めているが，国土が東西に広がっている国では複数の標準時を定めている。例えば，アメリカは東部標準時（$\mathrm{UTC} - 5^\mathrm{h}$），中部標準時（$\mathrm{UTC} - 6^\mathrm{h}$），太平洋標準時（$\mathrm{UTC} - 8^\mathrm{h}$）等を定めている。各国の標準時は天測暦に記載されている。

2.1.5.3　時間帯

共通の標準時を使う地域全体を**時間帯**（time zone）といい，その時間帯で使用する時刻は UTC との時間差で表す。図 2.8 は 2018 年の各国の標準時間帯を示したものである。陸地部分にあっては，国や地域がその地で使用する標準時を独自に定めるため時間帯は複雑になる。

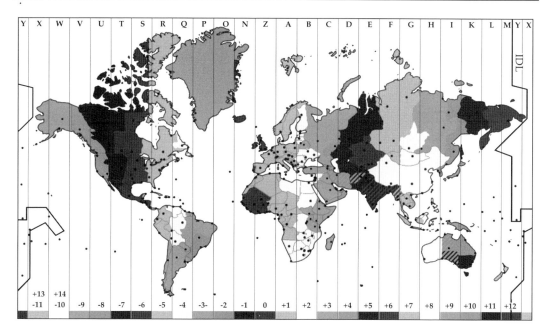

図 2.8 時間帯（2018 年）

（出所：timeanddate.com の Time Zone Map [64] を改）

2.1.5.4 国際日付変更線

東に行くと世界時から進んだ時間帯となり，西に行くと遅れた時間帯となる。図 2.8 において，時間帯 Z に対して，M では $+12^h$，Y では -12^h となり，経度 180° では日付が 1 日異なることになる。このため，経度 180° 線付近に日付を変更するための国際日付変更線（International Date Line: IDL）を設け，日付のずれを明示する。

国際日付変更線は国際的な機関が制定するものではなく，この線付近に存在する国や地域が国内法で地方標準時を定め，それらを時間帯として表現したものである。例えば，172°W に位置するサモアの場合，1892 年，米国に日付を合わせるため標準時を -11^h としたが，2011 年 12 月，貿易相手国（オーストラリアや中国など）の日付に合わせるため $+13^h$ とした [68]。

2.1.5.5 日光利用時

経済的な理由から日光の利用を促進するために，標準時を一定時間ずらすことがある。これを日光利用時（daylight saving time: DST），または夏時間（summer time）という。中緯度以上の地域で使用されている。過去には日本においても使用されていた。各国および地域の日光利用時の採用状況は天測暦に記載されている。

2.1.5.6 船内時

船内で使用される時刻を船内時（ship's time）という。船舶の乗組員が活動しやすいように定められる。船内時は船舶の運航や位置によって適宜変更される。東航（西航）する場合には時計を進め（遅らせ），南北に航行する場合は同一の時刻を使用する。

経度 180° の通過に伴って，船内日付を変更する。本来，同線を 7 月 1 日 12$^\mathrm{h}$ に東航すればその瞬間に 6 月 30 日 12$^\mathrm{h}$ になり，西航すればその瞬間に 7 月 2 日 12$^\mathrm{h}$ になるが，通過と同時に日付を変更すると船内活動や諸記録に支障をきたすため，同線を通過しても当日をそのまま続け，翌日を変更する。

東航　日付変更線通過日の翌日を通過日と同一日とする。例えば，7 月 1 日に同線を東航した場合，翌日を再度 7 月 1 日とする。

西航　同線通過日の翌日を通過日に 2 日を足した日付とする。例えば，7 月 1 日に同線を西航した場合，翌日を 7 月 3 日として 7 月 2 日を削除する。

2.2　暦

時間の流れを年・月・週・日といった単位で体系付けたものを 暦（calendar）という。太陰暦（lunar calendar）と太陽暦（solar calendar）がある。

2.2.1　太陰暦

太陰暦は朔望月を基にした暦である。太陰暦は太陽の動きに連動していないため季節と一致しないが，月の満ち欠けにより日がわかりやすいのと，大潮や小潮等潮汐とは一致するため，長い間使用されてきた[*6]。

太陰暦では，朔を含む日を 1 日とし，朔望月を 1 月とする。朔望月は約 29.5 日であるため，1 月を 29 日の小の月と 30 日の大の月とし，大小月を交互に繰り返す。朔望月 12 月による 1 年は 354（= 29 × 6 + 30 × 6）日となり，太陽年よりも約 11 日短い。これは太陰暦による暦は日付と季節が年に 11 日，3 年で約 1 月ずれることを意味する。

太陰暦で生じる 3 年で約 1 月のずれを修正するため，閏月を入れて太陽の運行に合うように修正した暦を**太陰太陽暦**（luni-solar calendar）という。太陽の運行と暦のずれを補正するために挿入する日・月を閏日・閏月（総称して閏）といい，閏の挿入規則を**置閏法**という。閏月の挿入時期はメトン周期（Metonic cycle）[*7]によって決められた。日本や東アジアの地域では太陰太陽暦がそのまま公式に使われ続け，閏月を暦に入れるため太陽年に基づく**二十四節気**が用いられた[*8]。

イスラム圏では太陰暦であるヒジュラ暦（Hijri calendar）が使用されている国や，太陰太陽暦のように太陽暦に合わせたヒジュラ太陽暦（紀元をヒジュラ暦元年に置く太陽暦）を併用する国がある [66]。

[*6] 朔望月により 1 月の日数が約 30 日となった。また，英語の "month" は "moon" に由来する。

[*7] メトン周期とは太陽年と朔望月の日数が同じになる周期をいい，19 太陽年（365.242 19$^\mathrm{d}$ × 19$^\mathrm{y}$ ≃ 6939.601 61$^\mathrm{d}$）は 235 朔望月（29.530 589$^\mathrm{d}$ × 235$^\mathrm{M}$ = 6939.688 42$^\mathrm{d}$）に等しい。235 朔望月は 12$^\mathrm{M}$ × 19$^\mathrm{y}$ + 7$^\mathrm{M}$ であるから，太陰太陽暦において閏月を入れる回数を「19 年に 7 回」とした [65]。

[*8] 二十四節気は太陽年に基づき季節を春夏秋冬の 4 等区分し，太陰暦による季節のずれを修正するための手法である。1 太陽年を日数（365.242 2/24 = 15.22$^\mathrm{d}$，平気法），または太陽の黄道上の視位置（360°/24 = 15°，定気法）によって 24 等分し，その分割点を含む日に季節を表す名称を付したものである [16]。

2.2.2 太陽暦

暦には天体現象や季節が毎年ほぼ同じ日付になるように規則性を持たせる必要がある。特に，農業にとっては暦と季節が一致しないことは致命的である。太陽暦は太陽の動きを基に作られた暦であり季節と一致する。

2.2.2.1 ユリウス暦

ユリウス暦（Julian calendar）は紀元前 45 年，ユリウス・カエサルによって導入された太陽暦である。

ユリウス暦は平均的な 1 年を 365.25 日とし，平年を 365 日，4 年ごとに 閏 年を設け 366 日とした。太陽年が 365.2422 日であるため，ユリウス暦は太陽の運行との間の誤差は 1 年で 0.0078 日（約 11 分）である。これは当時としては非常に良い精度と考えられたが，400 年経過すると約 3 日，1000 年では約 7.8 日の差が生じることになった（表 2.3）。

表 2.3 ユリウス暦の誤差

	1 年	400 年	1000 年
太陽年	365.2422	146096.88	365242.2
ユリウス暦	365.25	146100.	365250.
日差	0.0078	3.12	7.8

2.2.2.2 グレゴリオ暦

グレゴリオ暦（Gregorian calendar）はローマ教皇グレゴリウス 13 世がユリウス暦を改良して制定した暦法である。ユリウス暦の 1582 年 10 月 4 日の翌日を，グレゴリオ暦の 1582 年 10 月 15 日と定め，それまでに生じていた 10 日のずれを修正した。

グレゴリオ暦はユリウス暦の精度を改善するため置閏法を次のとおり規約した。

1. 4 で割り切れる年を閏年とする。
2. 1. の閏年のうち，100 で割り切れる年を平年とする。
3. 2. の閏年のうち，400 で割り切れる年を閏年とする。

表 2.4 に，1600 年以降の 100 で割り切れる年について，閏年を +，平年を − で示す。

表 2.4 グレゴリオ暦による平年と閏年

	1600	1700	1800	1900	2000	2100	2200	2300
閏年	+	−	−	−	+	−	−	−

このように，グレゴリオ暦では「400 年間に 97 回」の閏年を入れ，平均的な 1 年を 365.2425（ = $365 + {}^{97}\!/_{400}$）とした。これによりユリウス暦では 400 年における誤差が 3.12 日であるところ，グレゴリオ暦では 0.12 日となり，精度が格段に向上した（表 2.5）。

表 2.5　グレゴリオ暦の誤差

	1 年	400 年	1 000 年
太陽年	365.242 2	146 096.88	365 242.2
グレゴリオ暦	365.242 5	146 097.	365 242.5
日差	0.000 3	0.12	0.3

　現在，グレゴリオ暦は太陽暦として世界の多くの国で採用されており，日本にあっては明治5 年にグレゴリオ暦を採用し，明治 5 年 12 月 2 日（天保暦）の翌日を明治 6 年 1 月 1 日（グレゴリオ暦 1873 年 1 月 1 日）とした[*9]。

2.2.3　ユリウス年とユリウス日

　グレゴリオ暦では 1 年が 365.242 5 日となり数値として扱いにくい。そこで 365.25 日を 1年としたものをユリウス年（Julian Year: Jy）， 100 ユリウス年（36 525 日）をユリウス世紀（Julian century）という。これらはユリウス暦の 1 年が 365.25 日であることに由来するものの，同暦とは全く異なるものである。

　天文学では天体を長期にわたり観測するので，時の経過を年月日という単位で考えるよりも，ある時点から数えた通算日数で考えた方が都合がよい。この日数をユリウス日（Julian Day: JD）という。 ユリウス日は紀元前 4713 年（−4712 年）1 月 1 日 12^h（正午）から数えた経過日数で，直前の正午からの経過時間を日の小数で表す。正午を起点にしたのは，通常は夜間に行う天文観測の便を考えて，夜間に日が変わらないようにするためである。

　ユリウス日は非常に大きな数字になるので，これから 2 400 000.5 を引いたものを，修正ユリウス日（Modified Julian Date: MJD）という。

$$MJD = JD - 2\,400\,000.5\,. \tag{2.16}$$

修正ユリウス日の 1 日は常用日と同じく 0^h（正子）から始まる。
なお，ユリウス日はユリウス暦とは全く異なるものである。

2.3　天測暦

　天文航海の用に供する天体暦を天測暦（nautical almanac）という。 天測暦は天測に利用される天体の毎日の位置情報等が記載された天測専用の数表である。毎年刊行される。

2.3.1　日本版天測暦

　日本版天測暦は世界時 U（UT1）における天体の地心視位置（視赤緯，視赤経）が掲載されている。我々が使用する時刻は協定世界時 UTC であるが，天測の精度においてはこれを U と

　[*9] グレゴリオ暦はほとんどのカトリック国では 1585 年までに採用されたものの，その他の国ではその導入は遅く，イギリス（イギリス国教会）は 1753 年，ドイツ（プロテスタント）は 1775 年である。その他，ロシアは 1918年，ギリシャは 1924 年，中国は 1949 年に導入した [17]。

して扱っても差し支えない（[49] 序）。

　掲載されている天体は，太陽，惑星（金星，火星，木星，土星），月，および恒星（45 個）で，太陽と惑星は 0^hU から 2 時間ごと，月は視位置の変化が大きいため 30 分ごと，恒星はほとんど変化しないので 0^hU の位置情報が掲載されている（図 2.9 参照）。

2.3.1.1 　E と R

　日本版天測暦では，赤経に代わり平均太陽 ◎ を基準にした特殊な値 E と R を使用している。天体 X の時角 H_X は式（1.20）により，

$$H_\mathrm{X} = \Theta - \alpha_\mathrm{X}.$$

上式から，平均太陽 ◎ の時角 $H_\odot$ は

$$H_\odot = \Theta - \alpha_\odot.$$

前 2 式から Θ を消去すると，

$$H_\mathrm{X} = H_\odot + \alpha_\odot - \alpha_\mathrm{X}. \tag{2.17}$$

また，世界時 $T_\odot$ と平均太陽の時角 $H_\odot$ の関係は

$$T_\odot = H_\odot + 12^\mathrm{h}.$$

ゆえに，式（2.17）は

$$H_\mathrm{X} = T_\odot + \alpha_\odot - \alpha_\mathrm{X} - 12^\mathrm{h}. \tag{2.18}$$

ここで，変数 E と R を次のように定義する。

$$E_\mathrm{X} \equiv \alpha_\odot - \alpha_\mathrm{X} - 12^\mathrm{h} = R - \alpha_\mathrm{X}, \tag{2.19}$$

$$R \equiv \alpha_\odot - 12^\mathrm{h}. \tag{2.20}$$

視太陽の $E_\odot$，および惑星・恒星・月の E_X は次のとおり表わされる。

$$E_\odot = \alpha_\odot - \alpha_\odot - 12^\mathrm{h} \ (+24^\mathrm{h}) = R - \alpha_\odot \ (+24^\mathrm{h}) = \epsilon - 12^\mathrm{h} \ (+24^\mathrm{h}), \tag{2.21}$$

$$E_\mathrm{X} = \alpha_\odot - \alpha_\mathrm{X} - 12^\mathrm{h} \ (+24^\mathrm{h}) = R - \alpha_\mathrm{X} \ (+24^\mathrm{h}). \tag{2.22}$$

ここで，ϵ は均時差である。なお，$0 \leq E < 24^\mathrm{h}$ となるよう，必要に応じて 24^h を加える。

2.3.1.2 　時角

　天体の時角は，式（2.18），式（2.19）から，

$$H_\mathrm{X} = T_\odot + E_\mathrm{X}. \tag{2.23}$$

　恒星の場合，0^hU の $E_\star$ のみを掲載しているので，任意の時刻 t の $E_\star$ を求めるには，当日の $E_\star$ に差分 $\varDelta E_\star$ を加算する必要がある。差分は次式，または $E_\star$ 比例配分表による。

$$\varDelta E_\star = 3^\mathrm{m}57^\mathrm{s} \cdot \frac{t}{24}. \tag{2.24}$$

2.3.1.3　恒星時

式（2.23）から，

$$\Theta = H_\Upsilon = T_\odot + E_\Upsilon. \tag{2.25}$$

また，春分点の赤経は $\alpha_\Upsilon = 0$ であるから，式（2.19）から，

$$E_\Upsilon = R - \alpha_\Upsilon = R. \tag{2.26}$$

ゆえに，

$$\Theta = T_\odot + R. \tag{2.27}$$

$0^\mathrm{h}\,U$ の R 値のみを R_0 として掲載しているので，任意の時刻 t の R を求めるには，当日の R_0 に差分 ΔR を加算する必要がある．差分は次式，または $E_\star$ 比例配分表による．

$$\Delta R = 3^\mathrm{m}57^\mathrm{s} \cdot \frac{t}{24}. \tag{2.28}$$

2.3.1.4　赤経

式（2.19）から，

$$\alpha_X = R - E_X. \tag{2.29}$$

2.3.1.5　その他の値

赤緯 d　太陽の赤緯は $23.4°\mathrm{S} \leq d \leq 23.4°\mathrm{N}$ となる．恒星の赤緯はほとんど変化しない．惑星の軌道は地球の軌道面にほぼ等しいので，その赤緯の変化の幅は太陽のそれにほぼ等しい．P.P. は d の比例配分値を表す．

視半径 SD　地心視半径（geocentric semidiameter）を表す．高度改正に使用する．

地平視差 HP　赤道地平視差（horizontal parallax）を表す．高度改正に使用する．

月齢　$0^\mathrm{h}U$ の月齢を表す．

【例】　2018 年 3 月 20 日 $14^\mathrm{h}47^\mathrm{m}13^\mathrm{s}$ U における次を求めよ．

　　（1）太陽のグリニッジ時角 H，赤緯 δ，および均時差 ϵ。

　　（2）Benetnasch のグリニッジ時角 H，および赤緯 δ。

【解】　次のとおり．

U	$14^\mathrm{h}47^\mathrm{m}13^\mathrm{s}$			U	$14^\mathrm{h}47^\mathrm{m}13^\mathrm{s}$	
$E_\odot, \delta$	$11^\mathrm{h}52^\mathrm{m}33^\mathrm{s}$	$-0°01.4'$		$E_\star, \delta$	$22^\mathrm{h}01^\mathrm{m}38^\mathrm{s}$	$+49°13.3'$
H	$2^\mathrm{h}39^\mathrm{m}46^\mathrm{s}$			$\Delta E_\star$	$2^\mathrm{m}26^\mathrm{s}$	
ϵ	$-7^\mathrm{m}27^\mathrm{s}$	$\epsilon = 12^\mathrm{h} - E_\odot$		H	$12^\mathrm{h}51^\mathrm{m}17^\mathrm{s}$	

2018   **3 月 20 日**   月齢 d / Age 2.5   79

⊙ 太 陽 ／ dのP.P.

U	E⊙	d	dのP.P.		
h h m s	° '		h m		
0 11 52 23	S 0 16.1		0 00	0.0	
2 11 52 24	S 0 14.1		10	0.2	
4 11 52 26	S 0 12.1		20	0.3	
6 11 52 27	S 0 10.1		30	0.5	
8 11 52 28	S 0 08.2		40	0.7	
10 11 52 30	S 0 06.2		0 50	0.8	
12 11 52 31	S 0 04.2		1 00	1.0	
14 11 52 33	S 0 02.2		10	1.2	
16 11 52 34	S 0 00.3		20	1.3	
18 11 52 36	N 0 01.7		30	1.5	
20 11 52 37	N 0 03.7		40	1.6	
22 11 52 39	N 0 05.7		1 50	1.8	
24 11 52 40	N 0 07.6		2 00	2.0	

視半径 S.D. 16 05

✳ 恒 星   E* ／ d   (U = 0h の値)

No.		E*	d
		h m s	° '
1	Polaris	8 56 34	N89 20.5
2	Kochab	20 59 12	N74 04.7
3	Dubhe	0 45 03	N61 39.2
4	βCassiop.	11 39 47	N59 14.9
5	Merak	0 46 58	N56 17.1
6	Alioth	22 55 04	N55 51.6
7	Schedir	11 08 24	N56 38.1
8	Mizar	22 25 14	N54 49.8
9	αPersei	8 24 18	N49 55.5
10	Benetnasch	22 01 38	N49 13.3
11	Capella	6 31 53	N46 00.9
12	Deneb	15 07 53	N45 20.5
13	Vega	17 12 22	N38 47.9
14	Castor	4 14 09	N31 50.8
15	Alpheratz	11 40 36	N29 11.3
16	Pollux	4 03 29	N27 58.8
17	αCor. Bor.	20 14 27	N26 39.1
18	Arcturus	21 33 25	N19 05.2
19	Aldebaran	7 12 58	N16 32.5
20	Markab	12 44 16	N15 18.0
21	Denebola	23 59 55	N14 28.2
22	αOphiuchi	18 14 08	N12 32.8
23	Regulus	1 40 34	N11 52.6
24	Altair	15 58 15	N 8 54.9
25	Betelgeuse	5 53 46	N 7 24.4
26	Bellatrix	6 23 49	N 6 21.7
27	Procyon	4 09 39	N 5 10.5
28	Rigel	6 34 30	S 8 11.2
29	αHydrae	2 21 25	S 8 44.5
30	Spica	22 23 45	S11 15.3
31	Sirius	5 03 58	S16 44.8
32	βCeti	11 05 26	S17 53.5
33	Antares	19 19 23	S26 28.1
34	σSagittarii	16 53 32	S26 16.3
35	Fomalhaut	12 51 18	S29 31.7
36	λScorpii	18 15 04	S37 06.7
37	Canopus	5 25 33	S52 42.8
38	αPavonis	15 22 53	S56 40.4
39	Achernar	10 11 34	S57 09.0
40	βCrucis	23 01 04	S59 47.2
41	βCentauri	21 44 45	S60 27.4
42	αCentauri	21 09 02	S60 54.4
43	αCrucis	23 22 14	S63 11.9
44	αTri. Aust.	18 59 18	S69 03.2
45	βCarinae	2 36 27	S69 47.8

R0   11 49 54 (h m s)

P 惑 星 ／ P.P.

♀ 金 星 — 正中時 Tr. 13 11

U	EP	d		EP d		
h h m s	° '			正中時 h m		
0 10 48 57	N 5 30.3			0 00	0	0.0
2 10 48 54	N 5 32.8			10	0	0.2
4 10 48 51	N 5 35.4			20	1	0.4
6 10 48 48	N 5 37.9			30	1	0.6
8 10 48 45	N 5 40.4			40	1	0.8
10 10 48 42	N 5 42.9			0 50	1	1.1
12 10 48 39	N 5 45.5			1 00	2	1.3
14 10 48 36	N 5 48.0			10	2	1.5
16 10 48 33	N 5 50.5			20	2	1.7
18 10 48 30	N 5 53.0			30	2	1.9
20 10 48 27	N 5 55.5			40	3	2.1
22 10 48 23	N 5 58.0			1 50	3	2.3
24 10 48 20	N 6 00.6			2 00	3	2.5

♂ 火 星 — 正中時 Tr. 6 15

U	EP	d		EP d		
h h m s	° '			h m s ' '		
0 17 44 09	S23 29.7			0 00	0	0.0
2 17 44 17	S23 29.8			10	1	0.0
4 17 44 24	S23 29.9			20	1	0.0
6 17 44 31	S23 29.9			30	2	0.0
8 17 44 38	S23 30.0			40	3	0.0
10 17 44 46	S23 30.1			0 50	3	0.0
12 17 44 53	S23 30.1			1 00	4	0.0
14 17 45 00	S23 30.2			10	4	0.0
16 17 45 08	S23 30.3			20	5	0.0
18 17 45 15	S23 30.4			30	5	0.1
20 17 45 22	S23 30.4			40	6	0.1
22 17 45 30	S23 30.5			1 50	7	0.1
24 17 45 37	S23 30.6			2 00	7	0.1

♃ 木 星 — 正中時 Tr. 3 33

U	EP	d		EP d		
h h m s	° '			h m s ' '		
0 20 26 02	S17 20.4			0 00	0	0.0
2 20 26 23	S17 20.3			10	2	0.0
4 20 26 43	S17 20.3			20	3	0.0
6 20 27 03	S17 20.2			30	5	0.0
8 20 27 24	S17 20.2			40	7	0.0
10 20 27 44	S17 20.1			0 50	9	0.0
12 20 28 04	S17 20.0			1 00	10	0.0
14 20 28 25	S17 20.0			10	12	0.0
16 20 28 45	S17 19.9			20	14	0.0
18 20 29 06	S17 19.9			30	15	0.0
20 20 29 26	S17 19.8			40	17	0.0
22 20 29 47	S17 19.8			1 50	19	0.1
24 20 30 07	S17 19.7			2 00	20	0.0

♄ 土 星 — 正中時 Tr. 6 46

U	EP	d		EP d		
h h m s	° '			h m s ' '		
0 17 13 20	S22 17.3			0 00	0	0.0
2 17 13 38	S22 17.3			10	2	0.0
4 17 13 56	S22 17.3			20	3	0.0
6 17 14 15	S22 17.2			30	5	0.0
8 17 14 34	S22 17.2			40	6	0.0
10 17 14 52	S22 17.2			0 50	8	0.0
12 17 15 11	S22 17.2			1 00	9	0.0
14 17 15 30	S22 17.2			10	11	0.0
16 17 15 49	S22 17.2			20	12	0.0
18 17 16 07	S22 17.1			30	14	0.0
20 17 16 26	S22 17.1			40	16	0.0
22 17 16 45	S22 17.1			1 50	17	0.0
24 17 17 04	S22 17.1			2 00	19	0.0

☾ 月 — 正中時 Tr. 14 36 ／ P.P.

U	E☾	d
h h m s	° '	
0 9 53 35	N 6 35.7	
9 52 36	N 6 41.2	
1 9 51 37	N 6 46.7	
9 50 37	N 6 52.2	
2 9 49 38	N 6 57.7	
9 48 39	N 7 03.2	
3 9 47 39	N 7 08.7	
9 46 40	N 7 14.2	
4 9 45 40	N 7 19.6	
9 44 40	N 7 25.1	
5 9 43 41	N 7 30.6	
9 42 41	N 7 36.0	

H.P. 57.7, S.D. 15 44

E☾ d		
m s	° '	
1	2	0.2
2	4	0.4
3	6	0.5
4	8	0.7
5	10	0.9
6	12	1.1
7	14	1.3
8	16	1.4
9	18	1.6
10	20	1.8
11	22	2.0
12	24	2.2
13	26	2.4
14	28	2.5
15	30	2.7

U	E☾	d
6 9 41 41	N 7 41.5	
9 40 41	N 7 46.9	
7 9 39 41	N 7 52.3	
9 38 42	N 7 57.7	
8 9 37 42	N 8 03.1	
9 36 42	N 8 08.5	
9 9 35 42	N 8 13.9	
9 34 42	N 8 19.3	
10 9 33 41	N 8 24.6	
9 32 41	N 8 30.0	
11 9 31 41	N 8 35.3	
9 30 41	N 8 40.7	

H.P. 57.9, S.D. 15 46

E☾ d		
16	32	2.9
17	34	3.1
18	36	3.3
19	38	3.4
20	40	3.6
21	42	3.8
22	44	4.0
23	46	4.2
24	48	4.3
25	50	4.5
26	52	4.7
27	54	4.9
28	56	5.1
29	58	5.2
30	60	5.4

U	E☾	d
12 9 29 40	N 8 46.0	
9 28 40	N 8 51.3	
13 9 27 40	N 8 56.6	
9 26 39	N 9 01.9	
14 9 25 39	N 9 07.2	
9 24 38	N 9 12.5	
15 9 23 37	N 9 17.8	
9 22 37	N 9 23.0	
16 9 21 36	N 9 28.3	
9 20 35	N 9 33.5	
17 9 19 34	N 9 38.7	
9 18 33	N 9 43.9	

H.P. 58.0, S.D. 15 48

E☾ d		
m s	° '	
1	2	0.2
2	4	0.3
3	6	0.5
4	8	0.7
5	10	0.9
6	12	1.0
7	14	1.2
8	16	1.4
9	18	1.6
10	20	1.7
11	22	1.9
12	24	2.1
13	26	2.2
14	28	2.4
15	30	2.6

U	E☾	d
18 9 17 32	N 9 49.1	
9 16 32	N 9 54.3	
19 9 15 30	N 9 59.5	
9 14 29	N10 04.6	
20 9 13 28	N10 09.8	
9 12 27	N10 14.9	
21 9 11 26	N10 20.0	
9 10 25	N10 25.1	
22 9 09 23	N10 30.2	
9 08 22	N10 35.3	
23 9 07 20	N10 40.4	
9 06 19	N10 45.5	
24 9 05 17	N10 50.5	

H.P. 58.1, S.D. 15 49

E☾ d		
16	32	2.8
17	35	2.9
18	37	3.1
19	39	3.3
20	41	3.5
21	43	3.6
22	45	3.8
23	47	4.0
24	49	4.1
25	51	4.3
26	53	4.5
27	55	4.7
28	57	4.8
29	59	5.0
30	61	5.2

P 惑 星

星名	赤経 R.A.	赤緯 d	等級 Mag.	地平視差 H.P.	視半径 S.D.
♀ 金星	1 01	N 5 30	-3.9	0.1	5
♂ 火星	18 06	S23 30	+0.5	0.1	4
♃ 木星	15 24	S17 20	-2.3	0.0	19
♄ 土星	18 37	S22 17	+0.5	0.0	7
☿ 水星	0 56	N 9 07	+0.7	0.2	4

図 2.9 天測暦（2018 年 3 月 20 日）

（出所：海上保安庁海洋情報部編『平成 30 年 天測暦』から抜粋）

2.3.2　英国版天測暦

英国版天測暦は毎時の太陽，惑星，恒星，月の位置，および恒星時（春分点時角），その他が掲載されている（表 2.6）。同暦の時間引数は U（UT1）または GMT である（[53] P.254）。

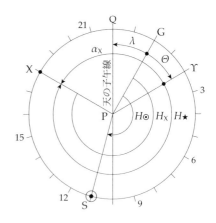

図 2.10　グリニッジ時角

同暦は天体位置として，**グリニッジ時角**（Greenwich hour angle: GHA）を用いている。グリニッジ時角とは，グリニッジ子午線における天体の時角である。図 2.10 は天の北極から見た赤道面図で，周囲の数字はグリニッジ時角である。視太陽 S のグリニッジ時角は $H_\odot$（∠GPS），天体 X のそれは H_X（∠GPX）である。

地方時角 h を求めるには，グリニッジ時角 H に経度 λ を加算する。

$$h = H + \lambda. \tag{2.30}$$

表 2.6　英国版天測暦「毎日の天体位置」記載項目

頁	天体等	天体位置等
左	春分点	グリニッジ時角
	惑星	グリニッジ時角，赤緯
	恒星	恒星時角，赤緯
右	太陽	グリニッジ時角，赤緯
	月	グリニッジ時角，赤緯，赤道地平視差
	その他	薄明時刻，日出没時刻，月出没時刻，均時差，月齢等

2.3.2.1　時角および赤緯
（1）太陽，惑星，月

時刻 t の分，秒を m, s，その前後の正時の時角を H_0, H_1，赤緯を δ_0, δ_1 とすると，時刻 t の時角 H_t および赤緯 δ は

$$t = \frac{m}{60} + \frac{s}{3\,600}, \tag{2.31}$$

$$H_t = H_0 + t\,(H_1 - H_0), \tag{2.32}$$

$$\delta_t = \delta_0 + t\,(\delta_1 - \delta_0). \tag{2.33}$$

（2）恒星

恒星の時角 H は春分点のグリニッジ時角 Θ に恒星時角（sidereal hour angle: $H_{\star}$）を加えることによって求める。

$$H = H_{\Upsilon} + H_{\star}. \tag{2.34}$$

恒星時角 $H_{\star}$（$\angle \Upsilon PX$ 時計回り）とは周角から恒星の赤経 $\alpha_{\star}$（$\angle \Upsilon PX$ 反時計回り）を減じたものである（図 2.10 参照）。

$$H_{\star} = 360° - 15° \, \alpha_{\star}. \tag{2.35}$$

2.3.2.2 均時差

毎日 $00^{\mathrm{h}}, 12^{\mathrm{h}}$ の均時差（網掛けは負）が掲載されている（表 2.7）。または，次式により求めてもよい。

$$\epsilon = T_{\odot} - T_{\circledcirc} = \frac{H_{\odot}}{15} + 12^{\mathrm{h}} - U. \tag{2.36}$$

同欄に太陽の子午線通過時刻（平均太陽時）が掲載されている。秒単位まで必要な場合は次による。

表 2.7 均時差（図 2.12 抜粋）

Day	SUN		Mer.
	Eqn. of Time		Pass.
	00^{h}	12^{h}	
d	m s	m s	h m
20	07 37	07 29	12 07
21	07 20	07 11	12 07
22	07 02	06 53	12 07

$$T_{\circledcirc} = T_{\odot} - \epsilon = 12^{\mathrm{h}} - \epsilon. \tag{2.37}$$

2.3.2.3 赤経

天体 X の赤経 α_{X} は

$$\alpha_{\mathrm{X}} = 360° - (H_{\mathrm{X}} - \Theta). \tag{2.38}$$

恒星の場合は，式（2.35）から，

$$\alpha_{\star} = \frac{360° - H_{\star}}{15}. \tag{2.39}$$

UT	ARIES GHA	VENUS −3.9 GHA	Dec	MARS +0.5 GHA	Dec	JUPITER −2.3 GHA	Dec	SATURN +0.5 GHA	Dec	STARS Name	SHA	Dec
20 00	177 28.6	162 14.2	N 5 30.3	266 02.3	S23 29.7	306 30.5	S17 20.4	258 19.7	S22 17.3	Acamar	315 16.2	S40 14.3
01	192 31.1	177 13.8	31.6	281 03.2	29.7	321 33.0	20.3	273 22.0	17.3	Achernar	335 25.0	S57 09.0
02	207 33.5	192 13.5	32.8	296 04.2	29.8	336 35.6	20.3	288 24.4	17.3	Acrux	173 04.9	S63 11.9
03	222 36.0	207 13.1	.. 34.1	311 05.1	.. 29.8	351 38.1	.. 20.3	303 26.7	.. 17.3	Adhara	255 09.9	S29 00.2
04	237 38.4	222 12.7	35.4	326 06.0	29.9	6 40.7	20.2	318 29.1	17.3	Aldebaran	290 45.8	N16 32.5
05	252 40.9	237 12.3	36.6	341 06.9	29.9	21 43.2	20.2	333 31.4	17.2			
06	267 43.4	252 11.9	N 5 37.9	356 07.8	S23 29.9	36 45.8	S17 20.2	348 33.7	S22 17.2	Alioth	166 17.4	N55 51.6
07	282 45.8	267 11.6	39.1	11 08.7	30.0	51 48.3	20.2	3 36.1	17.2	Alkaid	152 56.0	N49 13.3
08	297 48.3	282 11.2	40.4	26 09.6	30.0	66 50.9	20.2	18 38.4	17.2	Al Na'ir	27 40.1	S46 52.3
09	312 50.8	297 10.8	.. 41.7	41 10.5	.. 30.0	81 53.4	.. 20.1	33 40.8	.. 17.2	Alnilam	275 43.1	S 1 11.7
10	327 53.2	312 10.4	42.9	56 11.4	30.1	96 56.0	20.1	48 43.1	17.2	Alphard	217 52.7	S 8 44.5
11	342 55.7	327 10.1	44.2	71 12.3	30.1	111 58.5	20.1	63 45.4	17.2			
T 12	357 58.2	342 09.7	N 5 45.5	86 13.3	S23 30.1	127 01.1	S17 20.0	78 47.8	S22 17.2	Alphecca	126 08.1	N26 39.1
U 13	13 00.6	357 09.3	46.7	101 14.2	30.2	142 03.6	20.0	93 50.1	17.2	Alpheratz	357 40.5	N29 11.3
E 14	28 03.1	12 08.9	48.0	116 15.1	30.2	157 06.2	20.0	108 52.5	17.2	Altair	62 05.3	N 8 54.9
S 15	43 05.5	27 08.5	.. 49.2	131 16.0	.. 30.3	172 08.8	.. 20.0	123 54.8	.. 17.2	Ankaa	353 13.0	S42 12.6
D 16	58 08.0	42 08.2	50.5	146 16.9	30.3	187 11.3	19.9	138 57.1	17.2	Antares	112 22.2	S26 28.1
A 17	73 10.5	57 07.8	51.8	161 17.8	30.3	202 13.9	19.9	153 59.5	17.1			
Y 18	88 12.9	72 07.4	N 5 53.0	176 18.7	S23 30.4	217 16.4	S17 19.9	169 01.8	S22 17.1	Arcturus	145 52.5	N19 05.2
19	103 15.4	87 07.0	54.3	191 19.6	30.4	232 19.0	19.9	184 04.2	17.1	Atria	107 20.9	S69 03.2
20	118 17.9	102 06.6	55.5	206 20.6	30.4	247 21.5	19.8	199 06.5	17.1	Avior	234 16.3	S59 34.4
21	133 20.3	117 06.3	.. 56.8	221 21.5	.. 30.5	262 24.1	.. 19.8	214 08.8	.. 17.1	Bellatrix	278 28.6	N 6 21.7
22	148 22.8	132 05.9	58.0	236 22.4	30.5	277 26.6	19.8	229 11.2	17.1	Betelgeuse	270 57.8	N 7 24.4
23	163 25.3	147 05.5	5 59.3	251 23.3	30.5	292 29.2	19.7	244 13.5	17.1			
21 00	178 27.7	162 05.1	N 6 00.6	266 24.2	S23 30.6	307 31.7	S17 19.7	259 15.9	S22 17.1	Canopus	263 54.7	S52 42.8
01	193 30.2	177 04.7	01.8	281 25.1	30.6	322 34.3	19.7	274 18.2	17.1	Capella	280 29.8	N46 00.9
02	208 32.7	192 04.3	03.1	296 26.0	30.6	337 36.9	19.7	289 20.6	17.1	Deneb	49 29.6	N45 20.5
03	223 35.1	207 04.0	.. 04.3	311 26.9	.. 30.7	352 39.4	.. 19.6	304 22.9	.. 17.1	Denebola	182 30.1	N14 28.2
04	238 37.6	222 03.6	05.6	326 27.9	30.7	7 42.0	19.6	319 25.2	17.1	Diphda	348 53.0	S17 53.5
05	253 40.0	237 03.2	06.8	341 28.8	30.7	22 44.5	19.6	334 27.6	17.1			
06	268 42.5	252 02.8	N 6 08.1	356 29.7	S23 30.8	37 47.1	S17 19.5	349 29.9	S22 17.0	Dubhe	193 47.2	N61 39.2
07	283 45.0	267 02.4	09.4	11 30.6	30.8	52 49.6	19.5	4 32.3	17.0	Elnath	278 08.6	N28 37.2
W 08	298 47.4	282 02.1	10.6	26 31.5	30.8	67 52.2	19.5	19 34.6	17.0	Eltanin	90 44.6	N51 29.0
E 09	313 49.9	297 01.7	.. 11.9	41 32.4	.. 30.9	82 54.8	.. 19.4	34 37.0	.. 17.0	Enif	33 44.2	N 9 57.4
D 10	328 52.4	312 01.3	13.1	56 33.3	30.9	97 57.3	19.4	49 39.3	17.0	Fomalhaut	15 20.8	S29 31.7
N 11	343 54.8	327 00.9	14.4	71 34.3	30.9	112 59.9	19.4	64 41.7	17.0			
E 12	358 57.3	342 00.5	N 6 15.6	86 35.2	S23 30.9	128 02.4	S17 19.4	79 44.0	S22 17.0	Gacrux	171 56.7	S57 12.8
S 13	13 59.8	357 00.1	16.9	101 36.1	31.0	143 05.0	19.3	94 46.3	17.0	Gienah	175 48.7	S17 38.6
D 14	29 02.2	11 59.8	18.1	116 37.0	31.0	158 07.6	19.3	109 48.7	17.0	Hadar	148 42.7	S60 27.4
A 15	44 04.7	26 59.4	.. 19.4	131 37.9	.. 31.0	173 10.1	.. 19.3	124 51.0	.. 17.0	Hamal	327 57.4	N23 32.7
Y 16	59 07.1	41 59.0	20.7	146 38.8	31.1	188 12.7	19.2	139 53.4	17.0	Kaus Aust.	83 39.6	S34 22.3
17	74 09.6	56 58.6	21.9	161 39.8	31.1	203 15.2	19.2	154 55.7	17.0			
18	89 12.1	71 58.2	N 6 23.2	176 40.7	S23 31.1	218 17.8	S17 19.2	169 58.1	S22 17.0	Kochab	137 19.3	N74 04.7
19	104 14.5	86 57.8	24.4	191 41.6	31.2	233 20.4	19.2	185 00.4	16.9	Markab	13 35.4	N15 18.0
20	119 17.0	101 57.5	25.7	206 42.5	31.2	248 22.9	19.1	200 02.8	16.9	Menkar	314 11.9	N 4 09.4
21	134 19.5	116 57.1	.. 26.9	221 43.4	.. 31.2	263 25.5	.. 19.1	215 05.1	.. 16.9	Menkent	148 03.4	S36 27.4
22	149 21.9	131 56.7	28.2	236 44.3	31.2	278 28.1	19.1	230 07.5	16.9	Miaplacidus	221 38.3	S69 47.8
23	164 24.4	146 56.3	29.4	251 45.3	31.3	293 30.6	19.0	245 09.8	16.9			
22 00	179 26.9	161 55.9	N 6 30.7	266 46.2	S23 31.3	308 33.2	S17 19.0	260 12.1	S22 16.9	Mirfak	308 36.0	N49 55.4
01	194 29.3	176 55.5	31.9	281 47.1	31.3	323 35.8	19.0	275 14.5	16.9	Nunki	75 54.4	S26 16.3
02	209 31.8	191 55.2	33.2	296 48.0	31.4	338 38.3	18.9	290 16.8	16.9	Peacock	53 14.6	S56 40.3
03	224 34.3	206 54.8	.. 34.4	311 48.9	.. 31.4	353 40.9	.. 18.9	305 19.2	.. 16.9	Pollux	243 23.7	N27 58.8
04	239 36.7	221 54.4	35.7	326 49.8	31.4	8 43.4	18.9	320 21.5	16.9	Procyon	244 56.3	N 5 10.5
05	254 39.2	236 54.0	36.9	341 50.7	31.4	23 46.0	18.8	335 23.9	16.9			
06	269 41.6	251 53.6	N 6 38.2	356 51.7	S23 31.5	38 48.6	S17 18.8	350 26.2	S22 16.9	Rasalhague	96 03.4	N12 32.8
07	284 44.1	266 53.2	39.4	11 52.6	31.5	53 51.1	18.8	5 28.6	16.9	Regulus	207 39.8	N11 52.6
T 08	299 46.6	281 52.8	40.7	26 53.5	31.5	68 53.7	18.8	20 30.9	16.9	Rigel	281 09.0	S 8 11.2
H 09	314 49.0	296 52.4	.. 41.9	41 54.4	.. 31.5	83 56.3	.. 18.7	35 33.3	.. 16.8	Rigil Kent.	139 46.8	S60 54.3
U 10	329 51.5	311 52.1	43.2	56 55.3	31.6	98 58.8	18.7	50 35.6	16.8	Sabik	102 08.8	S15 44.7
R 11	344 54.0	326 51.7	44.4	71 56.3	31.6	114 01.4	18.7	65 38.0	16.8			
S 12	359 56.4	341 51.3	N 6 45.7	86 57.2	S23 31.6	129 04.0	S17 18.6	80 40.3	S22 16.8	Schedar	349 37.4	N56 38.1
D 13	14 58.9	356 50.9	46.9	101 58.1	31.6	144 06.5	18.6	95 42.7	16.8	Shaula	96 17.5	S37 06.7
A 14	30 01.4	11 50.5	48.2	116 59.0	31.7	159 09.1	18.6	110 45.0	16.8	Sirius	258 30.8	S16 44.8
Y 15	45 03.8	26 50.1	.. 49.4	131 59.9	.. 31.7	174 11.7	.. 18.5	125 47.4	.. 16.8	Spica	158 27.6	S11 15.3
16	60 06.3	41 49.7	50.7	147 00.9	31.7	189 14.2	18.5	140 49.7	16.8	Suhail	222 49.8	S43 30.7
17	75 08.8	56 49.4	51.9	162 01.8	31.7	204 16.8	18.5	155 52.1	16.8			
18	90 11.2	71 49.0	N 6 53.2	177 02.7	S23 31.8	219 19.4	S17 18.4	170 54.4	S22 16.8	Vega	80 36.8	N38 47.9
19	105 13.7	86 48.6	54.4	192 03.6	31.8	234 22.0	18.4	185 56.8	16.8	Zuben'ubi	137 01.6	S16 06.9
20	120 16.1	101 48.2	55.7	207 04.5	31.8	249 24.5	18.4	200 59.1	16.8		SHA	Mer. Pass
21	135 18.6	116 47.8	.. 56.9	222 05.5	.. 31.8	264 27.1	.. 18.3	216 01.5	.. 16.8	Venus	343 37.4	13 12
22	150 21.1	131 47.4	58.2	237 06.4	31.9	279 29.7	18.3	231 03.8	16.7	Mars	87 56.5	6 14
23	165 23.5	146 47.0	59.4	252 07.3	31.9	294 32.2	18.3	246 06.2	16.7	Jupiter	129 04.0	3 29
Mer. Pass.	12 04.2	v −0.4	d 1.3	v 0.9	d 0.0	v 2.6	d 0.0	v 2.3	d 0.0	Saturn	80 48.2	6 42

図 2.11 　英国版天測暦（2018 年 3 月 20 〜 22 日，P.62）

（出所：United Kingdom Hydrographic Office "2018 Nautical Almanac" から抜粋

UT	SUN GHA	SUN Dec	MOON GHA	v	Dec	d	HP
d h	° ′	° ′	° ′	′	° ′	′	′
20 00	178 05.7	S 0 16.1	148 23.8	11.4	N 6 35.7	11.0	57.7
01	193 05.9	15.1	162 54.2	11.3	6 46.7	11.0	57.7
02	208 06.1	14.1	177 24.5	11.3	6 57.7	11.0	57.7
03	223 06.3	.. 13.1	191 54.8	11.2	7 08.7	10.9	57.7
04	238 06.5	12.1	206 25.0	11.2	7 19.6	11.0	57.8
05	253 06.7	11.1	220 55.2	11.1	7 30.6	10.9	57.8
06	268 06.8	S 0 10.1	235 25.3	11.1	N 7 41.5	10.8	57.8
T 07	283 07.0	09.2	249 55.4	11.0	7 52.3	10.8	57.8
U 08	298 07.2	08.2	264 25.4	11.0	8 03.1	10.8	57.8
E 09	313 07.4	.. 07.2	278 55.4	10.9	8 13.9	10.7	57.9
S 10	328 07.6	06.2	293 25.3	10.9	8 24.6	10.7	57.9
D 11	343 07.8	05.2	307 55.2	10.9	8 35.3	10.7	57.9
A 12	358 07.9	S 0 04.2	322 25.1	10.8	N 8 46.0	10.6	57.9
Y 13	13 08.1	03.2	336 54.9	10.7	8 56.6	10.6	57.9
14	28 08.3	02.2	351 24.6	10.7	9 07.2	10.6	57.9
15	43 08.5	.. 01.3	5 54.3	10.7	9 17.8	10.5	58.0
16	58 08.7	S 00.3	20 24.0	10.6	9 28.3	10.4	58.0
17	73 08.9	N 00.7	34 53.6	10.5	9 38.7	10.4	58.0
18	88 09.1	N 0 01.7	49 23.1	10.5	N 9 49.1	10.4	58.0
19	103 09.2	02.7	63 52.6	10.5	9 59.5	10.3	58.0
20	118 09.4	03.7	78 22.1	10.4	10 09.8	10.2	58.0
21	133 09.6	.. 04.7	92 51.5	10.3	10 20.0	10.2	58.1
22	148 09.8	05.7	107 20.8	10.3	10 30.2	10.2	58.1
23	163 10.0	06.7	121 50.1	10.2	10 40.4	10.1	58.1
21 00	178 10.2	N 0 07.6	136 19.3	10.2	N10 50.5	10.1	58.1
01	193 10.3	08.6	150 48.5	10.1	11 00.6	10.0	58.1
02	208 10.5	09.6	165 17.6	10.1	11 10.6	9.9	58.1
03	223 10.7	.. 10.6	179 46.7	10.0	11 20.5	9.9	58.2
04	238 10.9	11.6	194 15.7	9.9	11 30.4	9.8	58.2
05	253 11.1	12.6	208 44.6	9.9	11 40.2	9.8	58.2
06	268 11.3	N 0 13.6	223 13.5	9.9	N11 50.0	9.7	58.2
W 07	283 11.5	14.6	237 42.4	9.8	11 59.7	9.6	58.2
E 08	298 11.6	15.5	252 11.2	9.7	12 09.3	9.6	58.2
D 09	313 11.8	.. 16.5	266 39.9	9.7	12 18.9	9.5	58.3
N 10	328 12.0	17.5	281 08.6	9.6	12 28.4	9.4	58.3
E 11	343 12.2	18.5	295 37.2	9.6	12 37.8	9.4	58.3
S 12	358 12.4	N 0 19.5	310 05.8	9.5	N12 47.2	9.3	58.3
D 13	13 12.6	20.5	324 34.3	9.4	12 56.5	9.3	58.3
A 14	28 12.8	21.5	339 02.7	9.4	13 05.8	9.1	58.3
Y 15	43 12.9	.. 22.5	353 31.1	9.3	13 14.9	9.1	58.4
16	58 13.1	23.4	7 59.4	9.3	13 24.0	9.1	58.4
17	73 13.3	24.4	22 27.7	9.2	13 33.1	8.9	58.4
18	88 13.5	N 0 25.4	36 55.9	9.2	N13 42.0	8.9	58.4
19	103 13.7	26.4	51 24.1	9.1	13 50.9	8.8	58.4
20	118 13.9	27.4	65 52.2	9.0	13 59.7	8.7	58.4
21	133 14.1	.. 28.4	80 20.2	9.0	14 08.4	8.7	58.4
22	148 14.2	29.4	94 48.2	8.9	14 17.1	8.6	58.5
23	163 14.4	30.4	109 16.1	8.9	14 25.7	8.4	58.5
22 00	178 14.6	N 0 31.3	123 44.0	8.8	N14 34.1	8.5	58.5
01	193 14.8	32.3	138 11.8	8.7	14 42.6	8.3	58.5
02	208 15.0	33.3	152 39.5	8.7	14 50.9	8.2	58.5
03	223 15.2	.. 34.3	167 07.2	8.7	14 59.1	8.2	58.5
04	238 15.4	35.3	181 34.9	8.5	15 07.3	8.1	58.5
05	253 15.5	36.3	196 02.4	8.5	15 15.4	7.9	58.6
06	268 15.7	N 0 37.3	210 29.9	8.5	N15 23.3	8.0	58.6
T 07	283 15.9	38.3	224 57.4	8.4	15 31.3	7.8	58.6
H 08	298 16.1	39.2	239 24.8	8.3	15 39.1	7.7	58.6
U 09	313 16.3	.. 40.2	253 52.1	8.3	15 46.8	7.6	58.6
R 10	328 16.5	41.2	268 19.4	8.2	15 54.4	7.6	58.6
S 11	343 16.7	42.2	282 46.6	8.2	16 02.0	7.4	58.6
D 12	358 16.9	N 0 43.2	297 13.8	8.1	N16 09.4	7.4	58.7
A 13	13 17.0	44.2	311 40.9	8.0	16 16.8	7.2	58.7
Y 14	28 17.2	45.2	326 07.9	8.0	16 24.0	7.2	58.7
15	43 17.4	.. 46.1	340 34.9	7.9	16 31.2	7.0	58.7
16	58 17.6	47.1	355 01.8	7.9	16 38.2	7.0	58.7
17	73 17.8	48.1	9 28.7	7.8	16 45.2	6.9	58.7
18	88 18.0	N 0 49.1	23 55.5	7.8	N16 52.1	6.7	58.7
19	103 18.2	50.1	38 22.3	7.7	16 58.8	6.7	58.7
20	118 18.3	51.1	52 49.0	7.7	17 05.5	6.6	58.8
21	133 18.5	.. 52.1	67 15.7	7.6	17 12.1	6.4	58.8
22	148 18.7	53.0	81 42.3	7.5	17 18.5	6.4	58.8
23	163 18.9	54.0	96 08.8	7.5	N17 24.9	6.2	58.8
	SD 16.1	d 1.0	SD 15.8		15.9		16.0

Moonrise

Lat.	Naut.	Civil	Sunrise	20	21	22	23
°	h m	h m	h m	h m	h m	h m	h m
N 72	03 15	04 45	05 54	06 42	06 29	06 10	05 15
N 70	03 35	04 54	05 55	06 53	06 48	06 44	06 39
68	03 50	05 00	05 56	07 02	07 04	07 09	07 19
66	04 02	05 06	05 57	07 09	07 17	07 28	07 46
64	04 12	05 10	05 58	07 16	07 28	07 44	08 07
62	04 20	05 14	05 58	07 21	07 37	07 57	08 24
60	04 27	05 17	05 59	07 26	07 45	08 08	08 38
N 58	04 33	05 20	06 00	07 31	07 52	08 17	08 51
56	04 39	05 23	06 00	07 34	07 58	08 26	09 01
54	04 43	05 25	06 00	07 38	08 03	08 33	09 11
52	04 47	05 27	06 01	07 41	08 08	08 40	09 19
50	04 51	05 29	06 01	07 44	08 13	08 46	09 26
45	04 58	05 32	06 02	07 50	08 23	09 00	09 43
N 40	05 04	05 35	06 02	07 56	08 31	09 11	09 56
35	05 08	05 37	06 03	08 00	08 38	09 20	10 07
30	05 11	05 39	06 03	08 04	08 45	09 29	10 17
20	05 16	05 41	06 03	08 11	08 56	09 43	10 34
N 10	05 18	05 43	06 04	08 18	09 05	09 56	10 49
0	05 19	05 43	06 04	08 24	09 14	10 08	11 03
S 10	05 19	05 43	06 04	08 30	09 24	10 20	11 17
20	05 16	05 42	06 04	08 36	09 33	10 32	11 32
30	05 12	05 40	06 04	08 43	09 45	10 47	11 50
35	05 09	05 39	06 04	08 48	09 51	10 56	12 00
40	05 05	05 37	06 04	08 53	09 59	11 06	12 12
45	05 00	05 34	06 03	08 58	10 08	11 17	12 26
S 50	04 53	05 31	06 03	09 05	10 18	11 32	12 42
52	04 49	05 29	06 03	09 08	10 23	11 38	12 50
54	04 46	05 28	06 03	09 12	10 29	11 45	12 59
56	04 41	05 25	06 03	09 16	10 35	11 54	13 09
58	04 36	05 23	06 02	09 20	10 42	12 03	13 21
S 60	04 31	05 21	06 02	09 25	10 50	12 14	13 34

Moonset

Lat.	Sunset	Civil	Naut.	20	21	22	23
°	h m	h m	h m	h m	h m	h m	h m
N 72	18 23	19 32	21 04	23 13	25 21	01 21	04 11
N 70	18 22	19 23	20 43	22 55	24 49	00 49	02 48
68	18 20	19 17	20 27	22 41	24 25	00 25	02 09
66	18 19	19 11	20 15	22 29	24 07	00 07	01 42
64	18 18	19 06	20 05	22 20	23 52	25 22	01 22
62	18 17	19 02	19 56	22 12	23 40	25 05	01 05
60	18 17	18 58	19 49	22 05	23 29	24 51	00 51
N 58	18 16	18 55	19 43	21 58	23 20	24 40	00 40
56	18 16	18 53	19 37	21 53	23 12	24 29	00 29
54	18 15	18 51	19 33	21 48	23 05	24 20	00 20
52	18 15	18 48	19 28	21 44	22 59	24 12	00 12
50	18 14	18 47	19 25	21 40	22 53	24 05	00 05
45	18 14	18 43	19 17	21 31	22 41	23 50	24 56
N 40	18 13	18 40	19 12	21 24	22 31	23 37	24 42
35	18 12	18 38	19 07	21 18	22 22	23 27	24 30
30	18 12	18 36	19 04	21 13	22 15	23 17	24 19
20	18 11	18 33	18 59	21 03	22 01	23 01	24 01
N 10	18 11	18 32	18 56	20 55	21 50	22 47	23 45
0	18 10	18 31	18 55	20 48	21 39	22 34	23 30
S 10	18 10	18 31	18 56	20 40	21 29	22 21	23 16
20	18 10	18 32	18 58	20 32	21 18	22 07	23 00
30	18 10	18 34	19 02	20 23	21 05	21 51	22 42
35	18 10	18 35	19 05	20 17	20 57	21 41	22 31
40	18 10	18 37	19 09	20 11	20 49	21 31	22 19
45	18 10	18 39	19 14	20 05	20 39	21 18	22 05
S 50	18 10	18 42	19 20	19 56	20 27	21 03	21 47
52	18 10	18 44	19 24	19 52	20 22	20 56	21 39
54	18 10	18 46	19 27	19 48	20 16	20 49	21 30
56	18 11	18 48	19 32	19 43	20 09	20 40	21 20
58	18 11	18 50	19 36	19 38	20 01	20 30	21 08
S 60	18 11	18 52	19 42	19 33	19 53	20 19	20 54

	SUN			MOON			
Day	Eqn. of Time 00ʰ	12ʰ	Mer. Pass.	Mer. Pass. Upper	Lower	Age	Phase
d	m s	m s	h m	h m	h m	d	%
20	07 37	07 29	12 07	14 36	02 11	03	10
21	07 20	07 11	12 07	15 27	03 01	04	17
22	07 02	06 53	12 07	16 21	03 53	05	27

図 2.12　英国版天測暦（2018 年 3 月 20 ～ 22 日，P.63）

（出所：United Kingdom Hydrographic Office "2018 Nautical Almanac" から抜粋）

【例】　2018 年 3 月 20 日 $14^\text{h}47^\text{m}13^\text{s}$ U における次を求め，前例（P.52）と比較せよ。

（1）太陽のグリニッジ時角 H，赤緯 δ，および均時差 ϵ。

（2）Alkaid（Benetnasch）のグリニッジ時角 H，および赤緯 δ。

【解】　観測時刻の分秒（$^\text{m\,s}$）を時（$^\text{h}$）に変換しておく。$t = 47^\text{m}13^\text{s} = 0.786\,9^\text{h}$。

（1）時角と赤緯は次のとおり。

	$H_\odot$		δ		備考
15^h	43°08.5′	43.141 7°	−0°01.3′	−0.021 7°	° に変換
14^h	28°08.3′	28.138 3°	−0°02.2′	−0.036 7°	
1^h		15.003 4°		0.015 0°	
t		0.786 9		0.786 9	
$\Delta H, \Delta\delta$		11.806 2°		0.011 8	
$14.786\,9^\text{h}$	39°56.7′	39.944 5°	−0°01.5′	−0.024 9°	

均時差は，表から，$\epsilon = -7^\text{m}27^\text{s}$。

また，式（2.36）から，

$$\epsilon = \frac{39°56.7'}{15} + 12^\text{h} - 14^\text{h}47^\text{m}13^\text{s} = -7^\text{m}26^\text{s}.$$

（2）次のとおり。

			備考
$H_\Upsilon\ 15^\text{h}$	43°05.5′	43.091 7°	ARIES 欄
$H_\Upsilon\ 14^\text{h}$	28°03.1′	28.051 7°	
$H_\Upsilon\ 1^\text{h}$	15°02.4′	15.040 0°	
t		0.786 9	
ΔH_Υ		11.835 0°	
$H_\Upsilon\ 14.786\,9^\text{h}$	39°56.7′	39.886 7°	
$H_\star, \delta$	152°56.0′	152.933 0°	+49°13.3′　STARS 欄 Alkaid
$H\ 14.786\,9^\text{h}$	192°49.2′	192.820 0°	

第 3 章

天体の高度と方位

3.1　高度方位角計算式

ベクトルを用いて高度方位角計算式を導出する。図 3.1 は図 1.12 に天体の位置ベクトルを加えたものである。

$\overrightarrow{OO'}$　原点 O から天体 X の赤緯線の中心 O′ を表した位置ベクトル
$\overrightarrow{O'X}$　赤緯線の中心 O′ から赤緯線上の天体 X を表した位置ベクトル
$\overrightarrow{OX}$　原点 O から天体 X を表した位置ベクトル

$\overrightarrow{OO'}$ を成分表示すると，

$$\overrightarrow{OO'} = \begin{pmatrix} x \\ y \\ z \end{pmatrix} = \cos(90° - \delta) \begin{pmatrix} \cos\phi \\ 0 \\ \sin\phi \end{pmatrix} = \begin{pmatrix} \sin\delta\cos\phi \\ 0 \\ \sin\delta\sin\phi \end{pmatrix}.$$

$\overrightarrow{O'X}$ を成分表示すると，

$$\overrightarrow{O'X} = \begin{pmatrix} x \\ y \\ z \end{pmatrix} = \sin(90° - \delta) \begin{pmatrix} -\sin\phi\cos h \\ -\sin h \\ \cos\phi\cos h \end{pmatrix} = \begin{pmatrix} -\cos\delta\sin\phi\cos h \\ -\cos\delta\sin h \\ \cos\delta\cos\phi\cos h \end{pmatrix}.$$

$\overrightarrow{OX} = \overrightarrow{OO'} + \overrightarrow{O'X}$ であるから，

$$\overrightarrow{OX} = \begin{pmatrix} x \\ y \\ z \end{pmatrix} = \begin{pmatrix} \cos\phi\sin\delta \\ 0 \\ \sin\phi\sin\delta \end{pmatrix} + \begin{pmatrix} -\cos\delta\sin\phi\cos h \\ -\cos\delta\sin h \\ \cos\delta\cos\phi\cos h \end{pmatrix} = \begin{pmatrix} \cos\phi\sin\delta - \cos\delta\sin\phi\cos h \\ -\cos\delta\sin h \\ \sin\phi\sin\delta + \cos\delta\cos\phi\cos h \end{pmatrix}.$$

一方，$\overrightarrow{OX}$ を高度 a と方位 A で表すと，式（1.19）から，

$$\overrightarrow{OX} = \begin{pmatrix} \cos a\cos A \\ \cos a\sin A \\ \sin a \end{pmatrix}. \tag{1.19}$$

以上から，次式を得る。

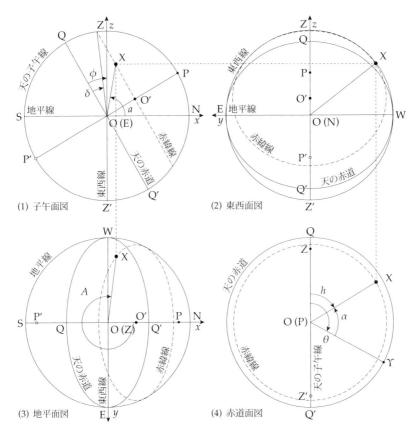

図 3.1　天体位置のベクトル表示（$\phi > 0°$）

$$\begin{pmatrix} x \\ y \\ z \end{pmatrix} = \begin{pmatrix} \cos a \cos A \\ \cos a \sin A \\ \sin a \end{pmatrix} = \begin{pmatrix} \cos\phi \sin\delta - \sin\phi \cos\delta \cos h \\ -\cos\delta \sin h \\ \sin\phi \sin\delta + \cos\phi \cos\delta \cos h \end{pmatrix}. \tag{3.1}$$

これから，高度および方位式を得る。

$$\sin a = \sin\phi \sin\delta + \cos\phi \cos\delta \cos h = z, \tag{3.2}$$

$$\tan A = \frac{-\cos\delta \sin h}{\cos\phi \sin\delta - \sin\phi \cos\delta \cos h} = \frac{y}{x}. \tag{3.3}$$

式（3.3）で得られる方位は $-90° < A < 90°$ である．x の正負により象限を判定し，360° 方位に変換する．

$$A = \begin{cases} A\,(+360°), & x > 0, \\ A + 180°, & x < 0. \end{cases} \tag{3.4}$$

$x = 0$ のとき，式（3.3）から方位を得ることはできない．このとき天体は東西線上にあり，y の正負で東西を判定する．

$$A = \begin{cases} 90°, & y > 0, \\ 270°, & y < 0. \end{cases} \tag{3.5}$$

式（3.1）の成分の 2 乗を加え，地平座標における天体位置を表す方程式を得る。

$$(\cos a \cos A)^2 + (\cos a \sin A)^2 + \sin^2 a = 1,$$
$$(\cos\phi\sin\delta - \sin\phi\cos\delta\cos h)^2 + (-\cos\delta\sin h)^2 + (\sin\phi\sin\delta + \cos\phi\cos\delta\cos h)^2 = 1,$$
$$\therefore\ x^2 + y^2 + z^2 = 1. \tag{3.6}$$

式（3.6）の 1 変数が 0 のとき，天体は大円上にある。天体は，$x = 0$ のとき東西線（$y^2 + z^2 = 1$）上，$y = 0$ のとき子午線（$x^2 + z^2 = 1$）上，$z = 0$ のとき地平線（$x^2 + y^2 = 1$）上にある。

$$\begin{cases} y^2 + z^2 = 1, & x = 0, \\ x^2 + z^2 = 1, & y = 0, \\ x^2 + y^2 = 1, & z = 0. \end{cases} \tag{3.7}$$

さらに，2 変数が 0 のとき，天体は特定の点にある。天体は，$x = y = 0$ のとき天頂または天底（$z = \pm 1$）に，$y = z = 0$ のとき北点または南点（$x = \pm 1$）に，$z = x = 0$ のとき東点または西点（$y = \pm 1$）にある。

$$\begin{cases} z = \pm 1, & x = y = 0, \\ x = \pm 1, & y = z = 0, \\ y = \pm 1, & z = x = 0. \end{cases} \tag{3.8}$$

3.2　正中

3.2.1　正中条件

天体が子午線上にある（正中する）ためには，$y = 0$ である。式（3.1）において，$y = 0$ とすると，

$$\cos\delta\sin h = 0. \tag{3.9}$$

$h = 0, 180°$ のとき，すべての天体は式（3.9）を満足し，正中する。これは，図 3.2 からも明らかで，赤緯が如何にあっても，天の子午線と 2 点で交わる。

$h = 0°$ のときを極上正中（図 3.2 $\mathrm{X_U}$），$h = 180°$ のときを極下正中（同図 $\mathrm{X_L}$）という。

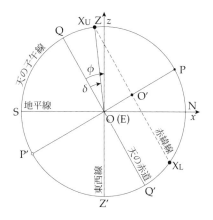

図 3.2　正中

$$\begin{cases} \text{極上正中,} & h = 0°, \\ \text{極下正中,} & h = 180°. \end{cases} \tag{3.10}$$

3.2.2　正中高度

式（3.2）に $h = 0, 180°$ を代入して，

$$\sin a = \begin{cases} \cos(\phi - \delta) = \sin\left(90° - |\phi - \delta|\right), & h = 0°, \\ -\cos(\phi + \delta) = \sin\left(|\phi + \delta| - 90°\right), & h = 180°. \end{cases} \quad (3.11)$$

ここで，cos は偶関数であるから，$|\phi - \delta|$ とする。

高度 a は，式（3.11）から，極上正中（$h = 0°$）にあっては，

$$a = \begin{cases} 90° - (\phi - \delta), & \phi > \delta, \\ 90° + (\phi - \delta), & \phi < \delta. \end{cases} \quad (3.12)$$

極下正中（$h = 180°$）にあっては，

$$a = \begin{cases} -90° + (\phi + \delta), & \phi + \delta > 0, \\ -90° - (\phi + \delta), & \phi + \delta < 0. \end{cases} \quad (3.13)$$

3.2.3　正中方位

正中方位（北中または南中）の判定には北南成分 x を利用する。式（3.1）から，

$$x = \begin{cases} \cos\phi\sin\delta - \sin\phi\cos\delta = \sin(\delta - \phi), & h = 0°, \\ \cos\phi\sin\delta + \sin\phi\cos\delta = \sin(\delta + \phi), & h = 180°. \end{cases} \quad (3.14)$$

$x > 0$ であれば北中（$A = 0°$），$x < 0$ であれば南中（$A = 180°$）である。この場合，x の正負がわかればよいので，sin の変数 $\delta - \phi, \phi + \delta$ の正負のみを判定すればよい。

方位 A は，式（3.14）から，極上正中（$h = 0°$）にあっては，

$$A = \begin{cases} 0°, & \phi < \delta, \\ 180°, & \phi > \delta. \end{cases} \quad (3.15)$$

極下正中（$h = 180°$）にあっては，

$$A = \begin{cases} 0°, & \phi + \delta > 0, \\ 180°, & \phi + \delta < 0. \end{cases} \quad (3.16)$$

3.2.4　正中時刻

天体 X の正中時刻はそのときの平均太陽の時角である（図 3.3）。天体の赤経を α_X とすると，天体 X の極上および極下正中時の恒星時 θ は

$$\theta = \begin{cases} \alpha_X, & h = 0°, \\ \alpha_X + 12^h, & h = 180°. \end{cases}$$

このときの平均太陽時は，式（2.4）から，

$$t_\odot = \theta - \alpha_\odot + 12^h.$$

天体 X の正中時刻は，前 2 式から θ を消去して，

$$t_{\odot} = \begin{cases} \alpha_X - \alpha_{\odot} + 12^h = -E_X \ (+24^h), & h = 0°, \\ \alpha_X + 12^h - \alpha_{\odot} + 12^h = -E_X + 12^h \ (+24^h), & h = 180°. \end{cases} \tag{3.17}$$

なお，$0 \le t_{\odot} < 24^h$ となるよう，必要に応じて 24^h を加える。

式（3.17）はすべての天体の正中時刻の算出に利用できる。

太陽の場合，均時差 ϵ を用いて平均太陽時を表すことができる。式（3.17）から，

$$t_{\odot} = \begin{cases} -E_{\odot} + 24^h = 12^h - (E_{\odot} - 12^h) = 12^h - \epsilon, & h = 0°, \\ -E_{\odot} + 12^h = -(E_{\odot} - 12^h) = -\epsilon, & h = 180°. \end{cases} \tag{3.18}$$

なお，正中時の E を使うべきであるが，計算前にはわからない。そこで，最初 0^h U の E を使って正中時刻を求め，次にその正中時刻における E を使い，逐次近似させる。

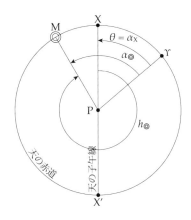

図 3.3　天体の極上および極下正中

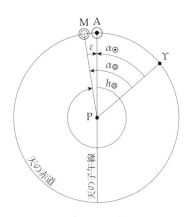

図 3.4　視太陽の極上正中

【例】　2018 年 3 月 20 日，位置（30°N, 140°E）における次を求めよ。

（1）太陽の極上正中時刻（地方平時）。

（2）太陽の正中高度，および正中方位（南中，または北中）。

【解】　次のとおり。

日本版天測暦			
$t_{\odot}$	3/20	$12^h00^m00^s$	正中時刻（地方視時）
λ		$-9^h20^m00^s$	140°，東経なので $-$
$T_{\odot}$	3/20	$2^h40^m00^s$	正中時刻（グリニッジ視時）
ϵ, δ		-7^m36^s　　+0°13.4′	2^h40^m の値（$\epsilon = E_{\odot} - 12^h$）
$T_{\odot}$	3/20	$2^h47^m36^s$	正中時刻（世界時，$T_{\odot} = T_{\odot} - \epsilon$）
λ		$+9^h20^m00^s$	
$t_{\odot}$	3/20	$12^h07^m36^s$	正中時刻（地方平時）

英国版天測暦			90°00.0′	
$12^h00^m00^s$		ϕ	+30°00.0′	
ϵ　　 −7^{m}35^s	表値を補間	δ	+0°13.4′	
$t_{\odot}$　　$12^h07^m35^s$		a	60°13.4′	式（3.12）$\phi > \delta$
$t_{\odot}$　　12^h07^m	表値	A	180°	式（3.15）$\phi > \delta$

3.3　出没と薄明

3.3.1　出没条件

　天体が地平線上にある（出没する）ためには，$z = 0$ である。式（3.1）において，$z = 0$ とすると，

$$\cos h = -\tan\phi\tan\delta. \tag{3.19}$$

　$\cos h$ の範囲から，式（3.19）は次のとおり場合分けされる。

$$\tan\phi\tan\delta < -1, \tag{3.20}$$
$$-1 \leq \tan\phi\tan\delta \leq 1, \tag{3.21}$$
$$1 < \tan\phi\tan\delta. \tag{3.22}$$

　式（3.21）のとき時角 h は解を持ち，式（3.20）および式（3.22）のとき時角 h は解を持たない。

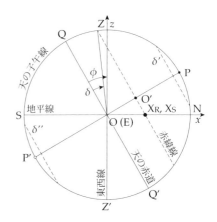

図 3.5　出没

3.3.1.1　$\tan\phi\tan\delta < -1$ のとき
　このとき，

- 赤緯線は地平線と交差しない（時角 h は解を持たない）ため，天体は出没しない。
- δ は ϕ と異名である。
- したがって，天体は**常時地平線下にある**（図 3.5 δ''）。

天体が常時地平線下にあるときの δ の範囲は，$\phi > 0°$ のとき，

$$\tan\delta < -\frac{1}{\tan\phi} = \tan(\phi - 90°), \quad \therefore\ \delta < \phi - 90°.$$

$\phi < 0°$ のとき，

$$\tan\delta > -\frac{1}{\tan\phi} = \tan(-90° + \phi) = \tan(90° + \phi), \quad \therefore\ \delta > \phi + 90°.$$

3.3.1.2　$-1 \leq \tan\phi\tan\delta \leq 1$ のとき
　このとき，

- 赤緯線は地平線と交差し（時角 h は解を持ち），天体は**出没**する（図 3.5 X_R, X_S）。

この時角 h は天体の正中と出または没の時角差で，天体が地平線上にある時間の $1/2$ を表している。これを**半日周弧**（semi diurnal arc）という。

天体が出没するときの δ の範囲は，$\phi > 0°$ のとき，

$$-\frac{1}{\tan\phi} = \tan(\phi - 90°) \leq \tan\delta \leq \frac{1}{\tan\phi} = \tan(90° - \phi),$$
$$\therefore \ \phi - 90° \leq \delta \leq 90° - \phi. \tag{3.23}$$

$\phi < 0°$ のとき，

$$\frac{1}{\tan\phi} = \tan(-90° - \phi) \leq \tan\delta \leq -\frac{1}{\tan-\phi} = \tan(90° + \phi),$$
$$\therefore \ -90° - \phi \leq \delta \leq 90° + \phi. \tag{3.24}$$

式（3.23）および式（3.24）が天体が出没するための条件である。

3.3.1.3 $\tan\phi\tan\delta > 1$ のとき
このとき，

- 赤緯線は地平線と交差しない（時角 h は解を持たない）ため，天体は出没しない。
- δ は ϕ と同名である。
- したがって，天体は**常時地平線上**にある。この状態にある天体を**周極星**（circumpolar star）という（図 3.5 δ'）。

天体が常時地平線上にあるときの δ の範囲は，$\phi > 0°$ のとき，

$$\tan\delta > \frac{1}{\tan\phi} = \tan(90° - \phi), \quad \therefore \ \delta > 90° - \phi.$$

$\phi < 0°$ のとき，

$$\tan\delta < \frac{1}{\tan\phi} = \tan(90° - \phi) = \tan(-90° - \phi), \quad \therefore \ \delta < -90° - \phi.$$

3.3.1.4 出没条件
出没等の条件を表 3.1，図 3.6，図 3.7 にまとめる。

表 3.1 天体の出没条件

	$\phi < 0°$	$\phi = 0°$	$0° < \phi$
常時地平線上（周極星）	$\delta < -\phi - 90°$	$\cdots$	$90° - \phi < \delta$
出没	$-\phi - 90° \leq \delta \leq \phi + 90°$	$-90° \leq \delta \leq 90°$	$\phi - 90° \leq \delta \leq 90° - \phi$
常時地平線下	$\phi + 90° < \delta$	$\cdots$	$\delta < \phi - 90°$

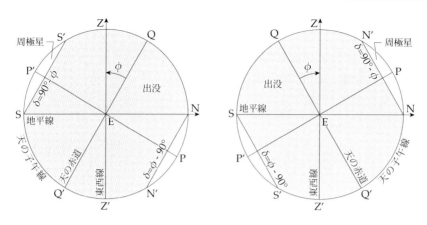

図 3.6　天体の出没条件（$\phi < 0°$）　　　　図 3.7　天体の出没条件（$0° < \phi$）

【問】　緯度 30°S, 0°, 30°N にいるものとして，天測暦（図 2.9）に示す恒星を，周極星，出没，
　　　　常時地平線下に分類せよ。

3.3.2　出没方位

　出没方位の算出には，式（3.3）の時角に半日周弧 h_s を使用する。ただし，出のとき $-h_s$, 没
のとき $+h_s$ とする。

$$\tan A = \frac{-\cos\delta\sin(\mp h_s)}{\cos\phi\sin\delta - \sin\phi\cos\delta\cos(\mp h_s)} = \frac{y}{x}. \tag{3.25}$$

A の符号は式（3.4），または式（3.5）にて決定する。

3.3.3　出没時刻

　出没時刻は正中時刻から半日周弧 h_s 異なるから，式（3.17）の極上正中時刻に半日周弧分加
減する。出のとき $-h_s$, 没のとき $+h_s$ とする。

$$t_\odot = \begin{cases} \alpha_X - \alpha_\odot + 12^h - h_s = -E_X - h_s\ (+24^h), & \text{出}, \\ \alpha_X - \alpha_\odot + 12^h + h_s = -E_X + h_s\ (+24^h), & \text{没}. \end{cases} \tag{3.26}$$

この式はすべての天体の出没時刻の算出に利用できる。

　日出没時の場合，均時差 ϵ を用いて，

$$t_\odot = \begin{cases} -E_\odot - h_s\ (+24^h) = 12^h - h_s - \epsilon, & \text{日出}, \\ -E_\odot + h_s\ (+24^h) = 12^h + h_s - \epsilon, & \text{日没}. \end{cases} \tag{3.27}$$

　P.63 のなお書き同様，最初 0^h U の E を使って出没時刻を求め，逐次近似させる。

【例】　緯度 30°N における，春分・秋分（$\delta = 0°$），夏至（$\delta = 23.4°$N），冬至（$\delta = 23.4°$S）の
　　　　ときの真日出没時（地方平時），および真日出没方位を求めよ。

【解】　次のとおり。

時刻	春分	夏至	秋分	冬至	備考
$\cos h_s$	0	-0.249 8	0	0.249 8	式（3.19）
$h_s°$	90.0°	104.5°	90.0°	75.5°	
12^{h}	$12^{\mathrm{h}}00^{\mathrm{m}}$	$12^{\mathrm{h}}00^{\mathrm{m}}$	$12^{\mathrm{h}}00^{\mathrm{m}}$	$12^{\mathrm{h}}00^{\mathrm{m}}$	視正午（地方視時）
h_s^{h}	$6^{\mathrm{h}}00^{\mathrm{m}}$	$6^{\mathrm{h}}58^{\mathrm{m}}$	$6^{\mathrm{h}}00^{\mathrm{m}}$	$5^{\mathrm{h}}02^{\mathrm{m}}$	
ϵ	-7^{m}	-2^{m}	$+7^{\mathrm{m}}$	$+2^{\mathrm{m}}$	天測暦参照
$t_{\odot}$ (Sun rise)	$6^{\mathrm{h}}07^{\mathrm{m}}$	$5^{\mathrm{h}}04^{\mathrm{m}}$	$5^{\mathrm{h}}53^{\mathrm{m}}$	$6^{\mathrm{h}}56^{\mathrm{m}}$	日出時（地方平時），式（3.27）
$t_{\odot}$ (Sun set)	$18^{\mathrm{h}}07^{\mathrm{m}}$	$19^{\mathrm{h}}00^{\mathrm{m}}$	$17^{\mathrm{h}}53^{\mathrm{m}}$	$17^{\mathrm{h}}00^{\mathrm{m}}$	日没時（地方平時），式（3.27）

方位	春分	夏至	秋分	冬至	備考
x	0.0	0.458 6	0.0	$-0.458 6$	
y	1.0	0.888 6	1.0	0.888 6	
$\tan A$	$\cdots$	1.937 8	$\cdots$	$-1.937 8$	式（3.25）
A (Sun rise)	90.0°	62.7°	90.0°	117.3°	式（3.4），式（3.5）
A (Sun set)	270.0°	297.3°	270.0°	242.3°	式（3.4），式（3.5）

3.3.4　薄明

　日没直後および日出直前は，天空は明るく地平線は明瞭に見える状態にある。これを薄明^{はくめい}（twilight）という。

　薄明は太陽の高度によって，常用薄明，航海薄明，天文薄明に分類される。

常用薄明（civil twilight）　太陽高度が $-0°50'$（常用日出没）〜 $-6°$ のときをいう。天空は十分に明るく，金星などは見えるが恒星は見えない状態である。

航海薄明（nautical twilight）　太陽高度が $-6°$ 〜 $-12°$ のときをいう。地平線と明るい恒星が見える明るさで，星測^{せいそく}（star sight）に適した時間帯である。

天文薄明（astronomical twilight）　太陽高度が $-12°$ 〜 $-18°$ のときをいう。明るい恒星は明瞭に見えるが，地平線は不明瞭な状態である。

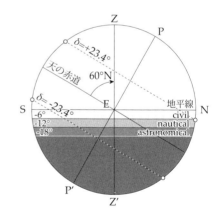

図 3.8　薄明

　薄明時間 t_w は太陽の高度が $-0°50'$ のときの時角と，高度 $-18°$ のときの時角の差である。式（3.2）から，

$$
\begin{cases}
\cos h_1 = \dfrac{\sin(-0°50') - \sin\phi \sin\delta}{\cos\phi \cos\delta}, \\[2mm]
\cos h_2 = \dfrac{\sin(-18°) - \sin\phi \sin\delta}{\cos\phi \cos\delta}, \\[2mm]
t_w = h_2 - h_1.
\end{cases}
\tag{3.28}
$$

【例】 薄明時間に関する次の問に答えよ。

(1)（季節による変化）緯度 30°N における，春分・秋分（δ = 0°），夏至（23.4°N），冬至（23.4°S）のときの薄明時間を求め，季節による薄明時間の変化を確認せよ。

(2)（緯度による変化）緯度 0°, 30°N, 60°N における，夏至（δ = 23.4°N）の薄明時間を求め，緯度による薄明時間の変化を確認せよ。

【解】 次のとおり。

(1) 春分・秋分時の薄明時間が最も短いという結果を得た。

	春分	夏至	秋分	冬至
$\cos h_1$	-0.0168	-0.2681	-0.0168	0.2315
$\cos h_2$	-0.3568	-0.6386	-0.3568	-0.1390
h_1	$90.9623°$	$105.5537°$	$90.9623°$	$76.6121°$
h_2	$110.9052°$	$129.6905°$	$110.9052°$	$97.9875°$
t_w	$19.9429°$	$24.1369°$	$19.9429°$	$21.3754°$
t_w	1^h20^m	1^h37^m	1^h20^m	1^h26^m

(2) 60°N のとき，h_1 は解を持つので太陽は没するものの，$\cos h_2 = -1.422\,945$ となり h_2 は解を持たない。つまり，そのときの高度は $-18°$ 以上であるため薄明状態にある。このように，極下正中になっても太陽が沈まない，または薄明状態にあることを**白夜**（white night）という。図 3.8 の赤緯線（δ = +23.4°）で確認されたい。

	0°	30°N	60°N
$\cos h_1$	-0.0158	-0.2681	-0.7812
$\cos h_2$	-0.3367	-0.6386	-1.4229
h_1	$90.9080°$	$105.5537°$	$141.3724°$
h_2	$109.6765°$	$129.6905°$	$\cdots$
t_w	$18.7685°$	$24.1369°$	$\cdots$
t_w	1^h15^m	1^h37^m	$\cdots$

3.4 東西線通過

3.4.1 東西線通過条件

天体が東西線上にあるためには，$x = 0$ である。

式（3.1）において，$x = 0$ とすると，

$$\cos h = \frac{\tan \delta}{\tan \phi}. \tag{3.29}$$

$\cos h$ の範囲から，式（3.29）は次のとおり場合分けされる。

$$\tan \delta / \tan \phi < -1, \tag{3.30}$$
$$-1 \leq \tan \delta / \tan \phi \leq 1, \tag{3.31}$$
$$1 < \tan \delta / \tan \phi. \tag{3.32}$$

式（3.31）のとき時角 h は解を持ち，式（3.30）および式（3.32）のとき時角 h は解を持たない。

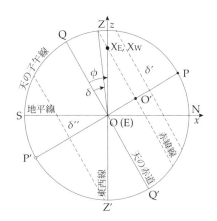

図 3.9　東西線通過

3.4.1.1　$\tan \delta / \tan \phi < -1$ のとき

このとき，

- 赤緯線は東西線と交差しない（時角 h は解を持たない）ため，天体は東西線を通過しない。
- δ は ϕ と異名である。
- したがって，天体は**常時緯度と異名側**にある（図 3.9 δ''）。

天体が常時緯度と異名側にあるときの δ の範囲は，

$\phi > 0°$ のとき，　　　　　　$\tan \delta < -\tan \phi = \tan(-\phi)$, 　∴ $\delta < -\phi$.

$\phi < 0°$ のとき，　　　　　　$\tan \delta > -\tan \phi = \tan(-\phi)$, 　∴ $\delta > -\phi$.

3.4.1.2　$-1 \leq \tan \delta / \tan \phi \leq 1$ のとき

このとき，

- 赤緯線は東西線と交差する（時角 h は解を持つ）ため，天体は**東西線を通過する**（図 3.9 X_E, X_W）。

天体が東西線を通過するときの δ の範囲は，$\phi > 0°$ のとき

$$-\tan \phi \leq \tan \delta \leq \tan \phi,$$
$$\therefore \ -\phi \leq \delta \leq \phi. \tag{3.33}$$

$\phi < 0°$ のとき

$$\tan\phi \le \tan\delta \le -\tan\phi,$$
$$\therefore \quad \phi \le \delta \le -\phi. \tag{3.34}$$

式（3.33）および式（3.34）が，天体が東西線を通過するための条件である。

3.4.1.3　$\tan\delta / \tan\phi > 1$ のとき

このとき，

- 赤緯線は東西線と交差しない（時角 h は解を持たない）ため，天体は東西線を通過しない。
- δ は ϕ と同名である。
- したがって，天体は**常時緯度と同名側**にある（図 3.9 δ'）。

天体が常時緯度と同名側にあるときの δ の範囲は，

$\phi > 0°$ のとき，　　　　　　　$\tan\delta > \tan\phi$,　$\therefore \ \delta > \phi$.
$\phi < 0°$ のとき，　　　　　　　$\tan\delta < \tan\phi$,　$\therefore \ \delta < \phi$.

3.4.1.4　東西線通過条件

東西線通過等の条件を表 3.2，図 3.10，図 3.11 にまとめる。

表 3.2　天体の東西線通過条件

	$\phi < 0°$	$\phi = 0°$	$0° < \phi$
常時北方	$-\phi < \delta$	$0° < \delta$	$\phi < \delta$
東西線通過	$\phi \le \delta \le -\phi$	$\cdots$	$-\phi \le \delta \le \phi$
常時南方	$\delta < \phi$	$\delta < 0°$	$\delta < -\phi$

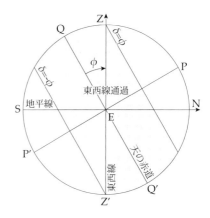

図 3.10　東西線通過の条件（$\phi < 0°$）　　　図 3.11　東西線通過の条件（$0° < \phi$）

【問】　緯度 30°S, 0°, 30°N にいるものとして，天測暦（図 2.9）に示す恒星を，常時北方，東西線通過，常時南方に分類せよ。

3.4.2 東西線通過高度と方位

天体が東西線を通過するときの高度は，式（3.2）に式（3.29）を代入して，

$$\sin a = \sin\phi\sin\delta + \cos\phi\cos\delta\,\frac{\tan\delta}{\tan\phi} = \frac{\sin\delta}{\sin\phi}. \tag{3.35}$$

δ と ϕ が同名のとき天体は地平線上で東西線を通過し，異名のとき地平線下で通過する。

天体が東西線を通過するときの方位は東または西である。式（3.2）に式（3.29）を代入して，

$$A = \begin{cases} 90°, & 180 < h < 360° \\ 270°, & 0 < h < 180° \end{cases} \tag{3.36}$$

3.4.3 東西線通過時刻

天体が東西線を通過するときの時刻は，式（3.29）から求められる時角 h 分異なるから，式（3.17）の極上正中時刻に当該時角を加減する。東方通過のとき $-h$，西方通過のとき $+h$ とする。

$$t_\odot = \begin{cases} \alpha_X - \alpha_\odot + 12^h - h = -E_X - h\,(+24^h), & 東方通過, \\ \alpha_X - \alpha_\odot + 12^h + h = -E_X + h\,(+24^h), & 西方通過. \end{cases} \tag{3.37}$$

この式はすべての天体の正中時刻の算出に利用できる。

太陽の場合，均時差 ϵ を用いて，

$$t_\odot = \begin{cases} -E_\odot - h\,(+24^h) = 12^h - h - \epsilon, & 東方通過, \\ -E_\odot + h\,(+24^h) = 12^h + h - \epsilon, & 西方通過. \end{cases} \tag{3.38}$$

P.63 のなお書き同様，最初 0^h U の E を使って東西線通過時刻を求め，逐次近似させる。

3.5 天体位置の微小変化

緯度 ϕ，赤緯 δ，時角 h が微小変化することにより，天体位置は微小に変化する。天体位置を $r = r(\phi, \delta, h)$ とすると，その変化量は全微分で表される。

$$\mathrm{d}r = \frac{\partial r}{\partial\phi}\mathrm{d}\phi + \frac{\partial r}{\partial\delta}\mathrm{d}\delta + \frac{\partial r}{\partial h}\mathrm{d}h. \tag{3.39}$$

3.5.1 緯度の変化

緯度 ϕ は地平座標と赤道座標の交角を表している。緯度の微小変化 $\Delta\phi$ はその交角の変化を意味し，天体は地心 O を中心に $\Delta\phi$ の弧を描く（図 3.12）。

式（3.39）右辺第 1 項の係数は，式（3.1）から，

$$\frac{\partial \boldsymbol{r}}{\partial \phi} = \frac{\partial}{\partial \phi}\begin{pmatrix} x \\ y \\ z \end{pmatrix} = \begin{pmatrix} -\sin\phi\sin\delta - \cos\phi\cos\delta\cos h \\ 0 \\ \cos\phi\sin\delta - \sin\phi\cos\delta\cos h \end{pmatrix} = \begin{pmatrix} -z \\ 0 \\ x \end{pmatrix}. \tag{3.40}$$

$\partial x/\partial\phi$（緯度の変化に対する北南成分の変化）は高度成分 $-z$ に比例し，$\partial z/\partial\phi$（高度成分の変化）は北南成分 x に比例する。$\partial y/\partial\phi$（東西成分の変化）は変化しない。

3.5.2　赤緯の変化

赤緯線 δ は自転軸を中心とした小円である。赤緯の微小変化 $\Delta\delta$ は小円が北南に変化することを意味する（図 3.13）。赤緯の変化は小さく，恒星ではほとんど変化せず，太陽でも最も変化が大きい春分・秋分の頃で 1^{h} に $1'$ 程度である（図 2.9 参照）。

式（3.39）右辺第 2 項の係数は，式（3.1）から，

$$\frac{\partial \boldsymbol{r}}{\partial \delta} = \frac{\partial}{\partial \delta}\begin{pmatrix} x \\ y \\ z \end{pmatrix} = \begin{pmatrix} \cos\phi\cos\delta + \sin\phi\sin\delta\cos h \\ \sin\delta\sin h \\ \sin\phi\cos\delta - \cos\phi\sin\delta\cos h \end{pmatrix}. \tag{3.41}$$

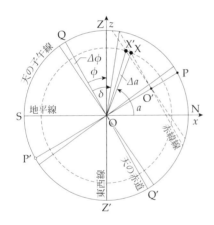
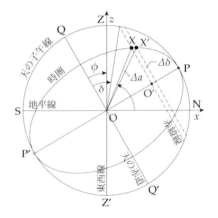

図 3.12　緯度の変化　　　　　　　　　　図 3.13　赤緯の変化

3.5.3　時角の変化

時角の微小変化 Δh は赤緯線上の天体位置の変化を意味する（図 3.14）。時角 h は 1 日に約 $360°$ 変化し，天体位置の変化の要素として最も大きいと考えられる。

式（3.39）右辺第 3 項の係数は，式（3.1）から，

$$\frac{\partial \boldsymbol{r}}{\partial h} = \frac{\partial}{\partial h}\begin{pmatrix} x \\ y \\ z \end{pmatrix} = \begin{pmatrix} \sin\phi\cos\delta\sin h \\ -\cos\delta\cos h \\ -\cos\phi\cos\delta\sin h \end{pmatrix}. \tag{3.42}$$

$\partial y/\partial h$ は $h = 0°$ のとき西向きに最大で $-\cos\delta$，$h = 180°$ のとき東向き最大で $\cos\delta$ である。したがって，方位測定を精度の面から考えると，正中頃は方位測定は避けた方がよい。

$\partial z/\partial h$ は $h = 0, 180°$ のとき最小で 0 である。したがって，高度測定を精度の面から考えると，正中時は高度測定の最適時機といえる。

$\partial z/\partial x$ は地平線に対する赤緯線の傾きを表す。式（3.42）から，$\partial z/\partial x = -1/\tan\phi$ となり，傾きは緯度のみに依存する。高緯度になるにしたがい傾きは小さくなり，緯度 90° では $\partial z/\partial x = 0$ となり，天体は地平線に平行に運行する（図 3.15）。

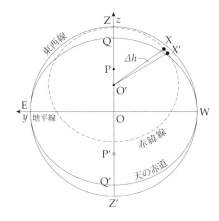

図 3.14　時角の変化　　　　　　図 3.15　赤緯線の傾き（$\partial z/\partial x$）

次に，時角 h に対する高度 a の変化 $\partial a/\partial h$ を考察する。式（3.1）から，

$$\frac{\partial z}{\partial h} = \cos a\,\frac{\partial a}{\partial h} = -\cos\phi\cos\delta\sin h,$$
$$\therefore \quad \frac{\partial a}{\partial h} = \frac{-\cos\phi\cos\delta\sin h}{\cos a}. \tag{3.43}$$

式（3.1）y 成分を利用すると，

$$\frac{\partial a}{\partial h} = \cos\phi\sin A. \tag{3.44}$$

したがって，

$$\Delta a = \cos\phi\sin A\,\Delta h. \tag{3.45}$$

Δh の単位を秒（^{s}），高度変化 Δa の単位を分（$'$）とすると，

$$\Delta a = \frac{1}{4}\cos\phi\sin A\Delta h. \tag{3.46}$$

時角による高度変化は正中時（$A = 0°$, 180°）最小で 0，東西にあるとき（$A = 90°$, 270°）最大である。また，緯度が低いほど大きくなる。

【例】　30°N の地点で，天体の方位が 135°, 175°, 180°, 185°, 225° のとき，時角変化 16^{s} に対する高度変化量（$'$）を求めよ。

【解】　次のとおり。正中（$A = 180°$）に近づくと，高度の変化量は微小になる。

$A°$	135	175	180	185	225	備考
$\cos\phi$	0.866 0	0.866 0	0.866 0	0.866 0	0.866 0	
$\sin A$	0.707 1	0.087 2	0.000 0	−0.087 2	−0.707 1	
$\Delta a\,'$	2.449 5	0.301 9	0.000 0	−0.301 9	−2.449 5	− は下降

3.6　天体間角距離

　任意の天体間の角距離を求めるにはベクトルの内積を利用する。2 天体の球面座標を X(δ, α),
X$'(\delta', \alpha')$ とすると，直角座標 X(X, Y, Z), X$'(X', Y', Z')$ は式（1.18）から，

$$\begin{pmatrix} X \\ Y \\ Z \end{pmatrix} = \begin{pmatrix} \cos\delta\cos\alpha \\ \cos\delta\sin\alpha \\ \sin\delta \end{pmatrix}, \quad \begin{pmatrix} X' \\ Y' \\ Z' \end{pmatrix} = \begin{pmatrix} \cos\delta'\cos\alpha' \\ \cos\delta'\sin\alpha' \\ \sin\delta' \end{pmatrix}. \tag{3.47}$$

これらのベクトルの内積は

$$XX' + YY' + ZZ' = \cos\delta\cos\delta'\cos(\alpha - \alpha') + \sin\delta\sin\delta'. \tag{3.48}$$

2 天体の角距離 θ を内積を用いて表すと，

$$\cos\theta = \frac{\boldsymbol{X} \cdot \boldsymbol{X'}}{|X|\,|X'|} = \frac{XX' + YY' + ZZ'}{|X|\,|X'|}. \tag{3.49}$$

$|X|$, $|X'|$ はベクトルの長さを表す。式（3.47）から，

$$|X| = \sqrt{X^2 + Y^2 + Z^2} = (\cos\delta\cos\alpha)^2 + (\cos\delta\sin\alpha)^2 + \sin^2\delta = 1,$$

$$|X'| = \sqrt{X'^2 + Y'^2 + Z'^2} = (\cos\delta'\cos\alpha')^2 + (\cos\delta'\sin\alpha')^2 + \sin^2\delta' = 1.$$

したがって，角距離は式（3.48），式（3.49）から，

$$\cos\theta = \sin\delta\sin\delta' + \cos\delta\cos\delta'\cos(\alpha - \alpha'). \tag{3.50}$$

　式（3.2）は式（3.50）と同様の形式をしている。つまり，高度式は観測者の位置ベクトルと
天体の地位（位置）ベクトルの内積である。また，地球上の 2 点間の大圏距離を求める場合に
も式（3.50）を用いることができる。

【例】　図 1.33 に示す北斗七星の Dubhe と Alkaid の天体間角距離を求めよ。
【解】　天測暦（図 2.11）から，Dubhe と Alkaid の球面座標は

$$\text{Dubhe } (61.7°,\ 166.2°),\quad \text{Alkaid } (49.2°,\ 207.1°).$$

　両天体の直角座標は

$$\begin{pmatrix} X \\ Y \\ Z \end{pmatrix} = \begin{pmatrix} \cos 61.7°\cos 166.2° \\ \cos 61.7°\sin 166.2° \\ \sin 61.7° \end{pmatrix} = \begin{pmatrix} -0.460\,4 \\ 0.113\,1 \\ 0.880\,5 \end{pmatrix}, \quad \begin{pmatrix} X' \\ Y' \\ Z' \end{pmatrix} = \begin{pmatrix} -0.581\,7 \\ -0.297\,7 \\ 0.757\,0 \end{pmatrix}.$$

したがって，その角距離 θ は

$$\cos\theta = -0.460\,4 \cdot (-0.581\,7) + 0.113\,1 \cdot (-0.296\,6) + 0.880\,5 \cdot 0.757\,0 = 0.900\,7.$$
$$\therefore\ \theta = 25.8°.$$

第4章

天体高度の測定とその改正

4.1 六分儀

六分儀（sextant）は角度を測定するための機器で，天体の高度，物標高さ，物標間挟角等の測定に使用される。

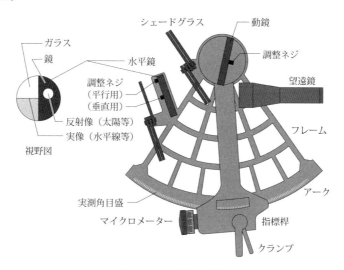

図 4.1　六分儀の構造

フレーム（frame）　六分儀の土台となる部分で円弧の形をしている。フレーム底部のアークには実測角 1° の目盛が刻印されている。背面には取手が取り付けられており，そこを右手で持って本儀を扱う。

指標桿（index bar）　六分儀面に取り付けられた測定桿で，上部には動鏡が取り付けられている。下部は測定部分で，クランプにより大まかな角度を合わせ，マイクロメーターによって微小角度を合わせる。マイクロメーターは 1 回転 60′（＝ 1°）である。

動鏡（index mirror）　指標桿に垂直取り付けられた鏡で，指標桿と共に回転し，天体や物体を水平鏡に反射する。背面に動鏡を垂直にするための調整ネジがある。

水平鏡（horizon mirror）　フレームに垂直に取り付けられ，ガラスと鏡でできており，地平

線と天体の反射像を合わせて見ることができるようになっている。背面には水平鏡を儀面に垂直に，および動鏡に平行にするための調整ネジがある。

シェード・グラス（shade glass）　天体および地平線の明るさを調整する濃さの異なるガラスで，動鏡および水平鏡の対物側に取り付けられている。

望遠鏡（telescope）　物体を拡大し，正立させる。

4.1.1　高度測定の原理

図 4.2 は太陽高度を測定するときの動鏡および水平鏡部分を示したものである。i は動鏡，h は水平鏡，H は水平鏡を通る地平線，H′ は動鏡を通る地平線，S は太陽，E は測定者の眼である。地平線 H と H′ は十分遠方にあるので，H′O と HO′ は平行である。

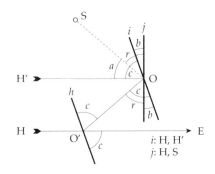

図 4.2　六分儀の高度測定原理

六分儀の指標桿を $0°$ に合わせたとき，動鏡 i は水平鏡 h に平行になり，H と H′ は横一線となって測定者の眼 E に入る。このときの H′ の i への入射角および反射角の余角を c とする。

次に，太陽 S の高度 a（$\angle$H′OS）を測定するため，指標桿を b 回転させ動鏡を j とする。S は j, h で反射され，H 上にあるように測定者の眼 E に入る（図 4.1 視野図参照）。このときの太陽 S の動鏡 j への入射角および反射角の余角を r とする。

H′O と j の成す角，および OO′ と i の成す角から，

$$a + r = c + b,$$
$$c = r + b.$$

したがって，a と b の関係は

$$a = 2b. \tag{4.1}$$

鏡をある角度回転すると反射角度は回転角度の 2 倍になるという光学の基本に基づいていることがわかる。

4.1.2　六分儀の誤差と修正

六分儀の誤差には，垂直差，サイドエラー，器差がある。六分儀の使用前には，誤差が最小となるように調整しておく必要がある [46]。

4.1.2.1　垂直差

動鏡が儀面に垂直でないときに生じる誤差を垂直差（perpendicularity error）という。

検出法 指標桿をアークの 30° 付近におき，儀の頂部側からアークと動鏡に反射した像を見る。反射像とアークが不連続に見えれば垂直差があり，反射像がアークより上に折れ曲って見えれば鏡は前方に傾斜，反射像がアークより下に折れ曲って見えれば鏡は後方に傾斜している（図 4.3）。

修正法 動鏡の背面の調整ネジで，反射像がアークと連続に見えるように調整する。

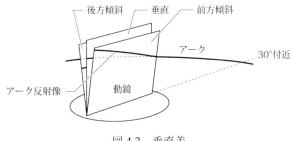

図 4.3 垂直差

4.1.2.2 サイド・エラー

水平鏡が儀面に垂直でないときに生じる誤差をサイド・エラー（side error）という。

検出法 垂直差の修正が終了した後，儀をほぼ垂直に持ち，地平線が一直線になるように高度を調整する。儀を傾け，地平線が分離すればサイド・エラーがあり，反射像が実地平線より上方にあるときは鏡は前方に傾斜，下方にあるときは鏡は後方に傾斜している（図 4.4 上図）。

天体を利用する場合，高度を 0° 付近とし反射像と実星を水平に並べ，天体が分離すればサイド・エラーがあり，反射像が実星の左にあるとき鏡は前方に傾斜，右にあるとき鏡は後方に傾斜している（図 4.4 下図）。

修正法 水平鏡の背面にある鏡の垂直を修正する調整ネジ（垂直用）で，反射像が実地平線（実星）に重なるように調整する。

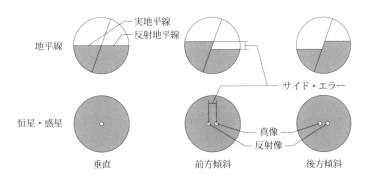

図 4.4 サイド・エラーの検出

4.1.2.3　器差

　指標桿を 0°0′ に合わせたとき，動鏡と水平鏡が互いに平行でないために生じる誤差を器差
（index error）という。

検出法　　垂直差およびサイド・エラーを修正した後，指標桿を 0°0′ にして天体（地平線）を
　見る。天体（地平線）が上下に分離すれば器差がある。図 4.5 において，器差のある動鏡
　を i' とする。i' で反射された地平線 H′ は h で反射され眼 E に到達する。O′H′ と O′H
　が成す ∠HBH′ が器差 e である。

修正法　　水平鏡の調整ネジ（水平）で両像が一致するまで修正する。完全に誤差を修正で
　きない場合，天体を一致させた状態のときのマイクロメーター値を残存誤差とし，器差
　e として扱う。e には六分儀高度 a_s' が真値になるように符号を付け，それを減ずれば真
　値になるときは $-e$，加えれば真値になるときは $+e$ とする[*1]。

　　器差を含んだ六分儀高度を a_s' とすると，誤差を含まない高度 a_s は

$$a_s = a_s' + e. \tag{4.2}$$

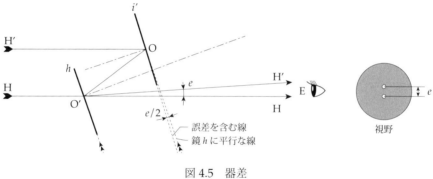

図 4.5　器差

4.1.3　六分儀による天体高度の測定

六分儀で天体高度を測定する際，次の点に注意する。

共通事項
- 観測に先立ち，器差を把握し，眼高を正確に測定しておく。
- 太陽・月は下辺または上辺高度を，恒星・惑星はその中心高度を測定する（図 4.6）。
- 天体の垂直高度を測定する。映像を視野の中央に保ちながら，垂直軸を中心に六分儀
  を左右に振り，反射像が最も低く視地平線と接したときに測定する（図 4.7）。測定高
  度の過大，または過小であると，その量が位置の線の誤差量となる。測定高度が過大
  のときを深い（deep），過小のときを浅い（shallow）という（図 4.8）。

[*1] 誤差は「測定値 − 真値」であり，「真値 − 測定値」で表される器差は**更正値**というべき値である。式（6.1）参照。

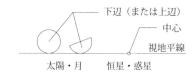

図 4.6 天体の高度測定

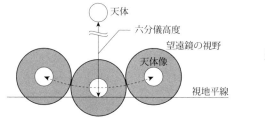

図 4.7 垂直高度の測定

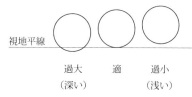

図 4.8 地平線と下辺

- 東にある天体は上昇し，西にある天体は下降する。マイクロメーターの回転方向を誤らないようにする。
- 眼高を高くすることにより，眼高の変動による眼高差の変動を小さくすることができる。眼高が不正確なときや船体上下動により眼高が変動するときに有効である。
- 水平鏡に適当なシェードグラスをかけると地平線を明瞭に視認できる場合がある。

太陽

- 掌を利用して概略高度を測り（図 1.32 参照），指標桿をその高度に合わせて視野に捉える。
- 目を保護するため，最初最も濃いシェードグラスを使用し，順次濃度を下げ適切なグラスに変更する。
- 太陽の正中高度の測定では，正中少し前から高度を測定し，極大高度をもって正中高度とする。正中頃，高度はほとんど変化しないので正確な高度を得ることができる。ただし，うねり等による眼高の変化で眼高差が変化し，天体高度は微小に変動する。眼高差の変化による高度減少を正中が終了したと勘違いすることがあるので，眼高の変化に注意して極大高度を測定する。

恒星・惑星

- 指標桿を 0° に合わせ，天体の方向に儀を向け天体を捉える。指標桿を動かさないようにして，望遠鏡の視野から天体がはずれないように儀本体をゆっくりと水平にして天体を地平線まで下ろす。太陽と同じ方法で天体を捉えると，近傍にある天体と間違えることがある。
- 天体名が不明のときはコンパス方位も測定しておく。高度と方位から逆算することによって天体を特定することが可能である。

月

- 太陽と同様に，掌を利用して概略高度を測り，指標桿をその高度に合わせて視野に捉える。

- 満ち欠けに応じて上辺または下辺高度を測定する。
- 適当な濃さのシェードグラスをかけるとくっきりと視認できる場合がある。
- 高度変化は太陽よりも速いためマイクロメーターを速く回す必要がある。

4.2　測高度改正

天測に必要とされる天体高度は地心を通る地平線から天体中心までの高度（地心高度，図 4.9 ∠HCX）であり，観察者が六分儀で測定する高度（六分儀高度，同図 ∠VEL′）は地球表面における視地平線から天体の辺（または中心）までの高度である。

六分儀高度から地心高度への改正を**測高度改正**という。改正には地球の地心と表面の違いなど幾何学的なものと，大気による光の屈折など光学的なものがある。

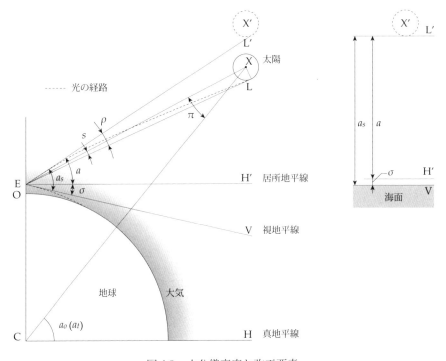

図 4.9　六分儀高度と改正要素

六分儀高度（sextant altitude: a_s）　器差 e を含む六分儀高度 $a_s{}'$ から，器差を修正したものを六分儀高度 $a_s\,(= a_s{}' + e)$ という。視地平線を基準とした天体高度を表している。

視高度（apparent alt.: a）　六分儀高度 a_s から，眼高差 σ を修正したものを視高度 $a\,(= a_s - \sigma)$ という。居所地平線を基準とした天体高度を表している。また，視高度の余角を**視頂距** $z\,(= 90° - a)$ という。

測高度（observed alt.: a_o）　視高度 a から，**天文気差** ρ，**視差** π，**視半径** s を修正したものを測高度 $a_o\,(= a - \rho + \pi \pm s)$ という。測高度を**真高度** a_t という場合もある。

計算高度（calculated alt.: a_c）　推測位置にいるものとして計算したものを計算高度 a_c とい

う。測高度 a_o から計算高度 a_c を引いたものを**修正差** i（$= a_o - a_c$）という。

4.2.1 眼高差と地上気差

観測者の眼 E を通り真地平線に平行な地平線 H′ を**居所地平線**，我々が見ている地平線 V を**視地平線**，地球への接線 G を**幾何学的地平線**という（図 4.10）。視地平線 V は居所地平線 H′ よりも若干下に見えるため，視地平線を基準にする六分儀高度 a_s から ∠H′EV を減ずる必要がある。

居所地平線と視地平線が成す ∠H′EV を**眼高差**（dip of horizon: σ），居所水平線と幾何学的水平線が成す ∠H′EG を**幾何学的眼高差**（dip of geometical: σ'），幾何学的眼高差と眼高差が成す ∠VEG を**地上気差**（terrestrial refraction: ρ_t）という。地上

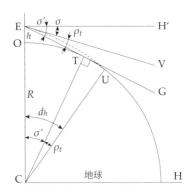

図 4.10　眼高差と地上気差

気差は光源が地上にある場合の大気差（4.2.2 節参照）で，地平線を浮き上がらせる。

図 4.10 から，眼高差 σ は

$$\sigma = \sigma' - \rho_t. \tag{4.3}$$

地球の平均半径[*2]を R [m]，眼高（height of eye）OE を h [m] とすると，△CTE において，

$$\tan \sigma' = \frac{\sqrt{(R+h)^2 - R}}{R} = \sqrt{\frac{2}{R}} \sqrt{h}\,.$$

σ' は微小なので，$\tan \sigma' = \sigma'$ として，

$$\sigma' = 5.603 \times 10^{-4} \sqrt{h} = 1.926' \sqrt{h}\,. \tag{4.4}$$

地上気差を $\rho_t = 0.0784\,\sigma'$ [*3] とすると，眼高差 σ は式（4.3）から

$$\sigma = 5.164 \times 10^{-4} \sqrt{h} = 1.775' \sqrt{h}\,. \tag{4.5}$$

地上気差は地表付近の屈折であるため，観測地の気温 t_a および水温 t_w の影響を受ける。$t_a > t_w$（$t_a < t_w$）の場合，屈折率が標準状態よりも大きく（小さく）なり，眼高差は小さく（大きく）なる。

$$\sigma = 1.775' \sqrt{h} - 0.2'(t_a - t_w). \tag{4.6}$$

地平線までの距離 ∠OCU（$\overgroup{\text{OU}}$）を **視地平距離**（distance of visible horizon: d_h）という。

[*2] 地球の体積と同体積の球の半径をいう。$R = a \sqrt[6]{1 - e^2} = 6\,371\,000\mathrm{m}$（$a$ は長半径，e は離心率）。
[*3] ベッセル（F. W. Bessel, 1784 年 - 1846 年，ドイツの数学者・天文学者）による。

視地平距離と地上気差の関係は $d_h = \sigma' + \rho_t$。ゆえに，

$$d_h = 6.042 \times 10^{-4} \sqrt{h} = 2.077' \sqrt{h}. \tag{4.7}$$

4.2.2 大気差

大気は非常に薄い層であるが，高度の観測には少なからず影響を与える。光が大気により屈折する現象を大気差（atmospheric refraction）といい，その光源の経路によって，大気差は地上気差（前述）と**天文気差**（astronomical reflection: ρ）に分けられる。

なお，天文気差を大気差という文献もあるため，本書では当該文献を引用する場合にはそれにしたがうこととする。ただし，変数名としては，地上気差には σ，天文気差には ρ を当てる。

4.2.2.1 屈折の法則

光線が屈折率の異なる媒質の境界に入射した場合，伝播速度および入射角・出射角の関係を表す法則を屈折の法則[*4]という。

光が真空からある媒質に伝搬するときの屈折率を**絶対屈折率**という。真空中の光速を c，媒質 A 中の光速を v_A とすると，媒質 A の絶対屈折率 n_A は

$$n_A = \frac{c}{v_A}. \tag{4.8}$$

また，光がある媒質から他の媒質に伝搬するときの屈折を**相対屈折率**という。媒質 A，媒質 B 中の光速を v_A, v_B とすると，媒質 A から媒質 B への相対屈折率 n_{AB} は

$$n_{AB} = \frac{\sin \theta_A}{\sin \theta_B} = \frac{v_A}{v_B} = \frac{n_B}{n_A}. \tag{4.9}$$

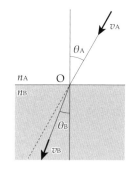

図 4.11 屈折の法則

4.2.2.2 天文気差

図 4.12 は大気を一様と仮定し，天体 X を観察した場合の様子を示している。屈折により，天体 X は X′ の位置にあるように見える。

視高度を a，視頂距を z，標準乾燥大気（気圧 1 013.25 hPa，水蒸気圧 0 hPa，気温 288.15 K）の絶対屈折率を n_0 とすると，屈折の法則から，

$$\frac{\sin z}{\sin(z - \rho)} = n_0. \tag{4.10}$$

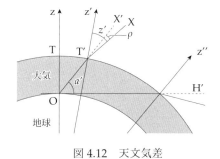

図 4.12 天文気差

[*4] スネル（Willebrord Snell，1580 年 - 1626 年，オランダの天文学者・数学者）による。

ρ は微小であるから，

$$\rho = \left(1 - \frac{1}{n_0}\right) \tan z.$$

$n_0 = 1.000\,277\,4$ とすると，

$$\rho = 0.000\,277 \tan z = 57.2'' \tan z. \tag{4.11}$$

ここで，ラドー[*5]の平均大気差 ρ_m（表 4.1，図 4.13）の近似式を紹介する（7.11 節参照）。

$$\rho_m = 57.14'' \tan z - 0.07'' \tan^3 z, \quad z < 80°. \tag{4.12}$$

天文気差 ρ は大気の状態によって変化する。気圧を p [hPa]，気温を t [°C] とすると，

$$\rho = \frac{p}{1\,013.25} \frac{283.15}{273.15 + t} \rho_m. \tag{4.13}$$

表 4.1　平均大気差（標準的大気）

a	ρ_m	a	ρ_m	a	ρ_m
°	′ ″	°	′ ″	°	′ ″
0.0	34 24	3.5	12 54	16.0	3 19
0.2	31 54	4.0	11 41	18.0	2 56
0.4	29 41	5.0	9 49	20.0	2 38
0.6	27 41	6.0	8 25	25.0	2 04
0.8	25 54	7.0	7 22	30.0	1 40
1.0	24 17	8.0	6 31	40.0	1 09
1.5	20 53	9.0	5 51	50.0	0 49
2.0	18 13	10.0	5 17	60.0	0 33
2.5	16 04	12.0	4 26	70.0	0 21
3.0	14 20	14.0	3 48	80.0	0 10

標準的大気（10°C，1 013.25 hPa），$\phi = 35°$

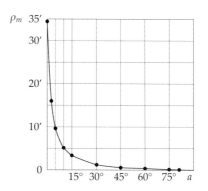

図 4.13　平均大気差（標準的大気）

4.2.3　地心視差

太陽や月など地球に近い天体では，地心高度（図 4.14 ∠HCX）と地表高度（同図 ∠H'OX）に差（同図 ∠CXO）を生じる。この差を**地心視差（視差）**（geocentric parallax: π）という。

△CXO において，地球半径を R，地心距離を D，視頂距を z とすると，視差 π は，

$$\pi = \frac{R}{D} \sin z. \tag{4.14}$$

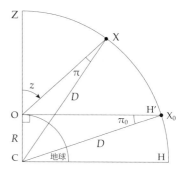

図 4.14　地心視差

[*5] R. Radau，1835 年 - 1911 年，フランスの天文学者。

視差 π は $z = 90°$ のとき（天体を居所地平に見るとき）最大になる。この視差を**地平視差**（horizontal parallax: π_0）という。

$$\pi_0 = \frac{R}{D}. \tag{4.15}$$

地平視差 π_0 は地球半径 R により変化し，最大半径である赤道半径 R_a のとき最大となる。この地平視差を**赤道地平視差**（equatorial horizontal parallax: Π_0）という。

$$\Pi_0 = \frac{R_a}{D}. \tag{4.16}$$

地平視差 π_0 を半径 R に代えて緯度 ϕ で表す。式（1.16）で表される地球半径 R の地心緯度 ψ を地理緯度 ϕ で近似し，式（4.15）に代入して，

$$\pi_0(\phi) = \frac{1}{D}\frac{R_b}{\sqrt{1 - e^2 \cos^2 \phi}}. \tag{4.17}$$

R_b を R_a に置き換え，Π_0 で表すと，

$$\pi_0(\phi) = \frac{\sqrt{1 - e^2}}{\sqrt{1 - e^2 \cos^2 \phi}}\,\Pi_0. \tag{4.18}$$

地平視差 $\pi_0(\phi)$ は $\phi = 0°$ のとき（赤道半径のとき）最大となり，Π_0 に等しくなる。

赤道地平視差が $0.1'$ 以上になる天体は月，太陽，金星，および火星の 4 天体である（表 4.2）。任意の緯度におけるこれらの 4 天体の地平視差と赤道地平視差の差を表 4.3 に示す。月にあっては差量が発生するものの，通常航海の限界と思われる緯度 60° にあってもその量は $0.19'$ 程度であるので，六分儀での測高精度と考えると無視して差し支えない。

したがって，視差 π は，式（4.14）から，

$$\pi = \pi_0(\phi) \cos a = \Pi_0 \cos a. \tag{4.19}$$

表 4.2　地心距離 D，赤道地平視差 Π_0，地心視半径 s

天体	D（×10^6m）		Π_0（$'$）		s（$'$）	
月	406.7	~ 356.4	53.91	~ 61.52	14.69	~ 16.76
太陽	152 112	~ 147 083	0.14	~ 0.15	15.73	~ 16.27
金星	259 700	~ 39 500	0.08	~ 0.56	0.08	~ 0.53
火星	400 400	~ 55 800	0.05	~ 0.39	0.03	~ 0.21
木星	965 800	~ 590 700	0.02	~ 0.04	0.25	~ 0.42
土星	1 653 100	~ 1 201 300	0.01	~ 0.02	0.13	~ 0.17

表 4.3 任意の緯度の地平視差と赤道地平視差の差

天体	Π_0 max	$\pi_0(\phi) - \Pi_0$ max					
		$\phi = 0°$	$15°$	$30°$	$45°$	$60°$	$75°$
月	61.52'	0.00'	−0.01'	−0.05'	−0.15'	−0.19'	−0.20'
太陽	0.15	0.00	0.00	0.00	0.00	0.00	0.00
金星	0.56	0.00	0.00	0.00	0.00	0.00	0.00
火星	0.39	0.00	0.00	0.00	0.00	0.00	0.00

4.2.4 視半径

太陽や月など地球に非常に近い天体の場合，天体は円として見える（表 4.2 地心視半径 s 参照）。この円の半径の視角度を視半径という。六分儀で正確に天体の中心高度を測定することは難しいので，下辺または上辺高度に視半径を修正することによって中心高度を得る必要がある。地心から見た視半径を地心視半径（geocentric semidiameter: s），地表から見た視半径を**実視視半径**（observer's apparent semidiameter: s'）という。天測暦に掲載されているのは地心視半径であり，実視視半径との差を検討しておく必要がある。

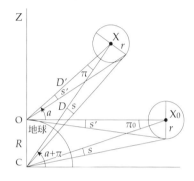

図 4.15 視半径

天体の実視距離を D' とすると，図 4.15 から，

$$r = Ds = D's'. \qquad \therefore \ s' = \frac{D}{D'} s.$$

また，$\triangle \mathrm{CXO}$ において，

$$\frac{D}{D'} = \frac{\sin(90° + a)}{\sin(90° - (a + \pi))} = \frac{\cos a}{\cos(a + \pi)}.$$

前 2 式において，π は微小であり，式（4.19）により $\pi = \pi_0 \cos a$ であるから，

$$s' = \frac{1}{1 - \pi_0 \sin a} s = s + \pi_0 s \sin a. \tag{4.20}$$

式（4.20）右辺 $\pi_0 s \sin a$ は地心視半径に対する実視視半径の増加量を表しており，視半径増加率という。それは $a = 90°$ のとき（天体を天頂に見るとき），最大になる。

$\pi_0 = R/D$，$s = r/D$ であるから，増加率は

$$\pi_0 s \sin a = \frac{Rr}{D^2} \sin a.$$

係数 Rr/D^2 は，月以外の天体にあってはほぼ 0，月にあっては 0.3' に達する。したがって，天測暦に記載されている地心視半径を s とすると，実視視半径 s' は

$$s' = \begin{cases} s, & \odot, \\ s + \pi_0\, s \sin a, & \mathbb{C}. \end{cases} \tag{4.21}$$

4.2.5 測高度改正

各天体の六分儀高度に対し，次のとおり改正する。

$$a = a_s - \sigma(h). \tag{4.22}$$

$$a_o = a \begin{cases} -\rho(a) + \pi(a) + s'(a), & \odot, \mathbb{C}, \\ -\rho(a) + \pi(a) - s'(a), & \odot, \mathbb{C}, \\ -\rho(a) + \pi(a), & \varphi, \vartheta, \\ -\rho(a), & \star. \end{cases} \tag{4.23}$$

それぞれの修正項は次のとおりである。

$$\sigma(h) = 1.775'\sqrt{h} - 0.2'(t_a - t_w), \tag{4.6}$$

$$\rho(a) = \frac{p}{1\,013.25}\,\frac{283.15}{273.15 + t}\left(\frac{57.14''}{\tan a} - \frac{0.07''}{\tan^3 a}\right), \tag{4.13}$$

$$\pi(a) = \Pi_0 \cos a, \tag{4.19}$$

$$s'(a) = \begin{cases} s, & \odot, \\ s + \Pi_0\, s \sin a, & \mathbb{C}. \end{cases} \tag{4.21}$$

【例】 次の六分儀高度を測高度に改正せよ。ただし，すべての場合において，六分儀器差を
  $-0.5'$，眼高 13 m，標準的大気とする（[50] P. III ～ V 解説例を改）。

(1) 2015 年 5 月 15 日，太陽の下辺高度を 30°42.3′ に測定した（$\Pi_0 = 9''$, $s = 15'51''$）。

(2) 2015 年 5 月 21 日 9$^\mathrm{h}$U，月の下辺高度を 37°08.7′ に測定した（$\Pi_0 = 59.9'$, $s = 15'51''$）。

(3) 2015 年 3 月 3 日夕刻，金星を 34°20.2′ に測定した（$\Pi_0 = 0.1'$）。

(4) 2015 年 3 月 3 日夕刻，Rigel を 51°45.7′ に測定した。

【解】 次のとおり。

改正項目		⊙	☾	♀	Rigel
六分儀高度	a_s'	30°42.3′	37°08.7′	34°20.2′	51°45.7′
器差	e	−0.5	−0.5	−0.5	−0.5
六分儀高度	a_s	30°41.8′	37°08.2′	34°19.7′	51°45.2′
眼高差	σ	−6.4	−6.4	−6.4	−6.4
視高度	a	30°35.4′	37°01.8′	34°13.3′	51°38.8′
天文気差	ρ	−1.7	−1.3	−1.4	−0.8
地心視差	π	+0.1	+47.8	+0.1	⋯
視半径	s'	+15.9	+14.9	⋯	⋯
測高度	a_o	30°49.8′	38°03.2′	34°12.0′	51°38.0′

4.2.6 英国版天測暦における測高度改正

英国版天測暦等に掲載されている測高度改正を紹介する（ [44] 0545, [53] P.280）。

4.2.6.1 六分儀器差，眼高差

眼高差の係数を $0.0293°$ (= $1.758'$) としている。これは日本で使用している係数 $1.775'$ との差は微小であり，同等と考えてよい。

$$a_s = a_s{}' + e \tag{4.2}$$

$$\sigma = 0.0293° \sqrt{h}, \tag{4.24}$$

$$a = a_s - \sigma. \tag{4.22}$$

4.2.6.2 天文気差

気温 10℃，気圧 1010 hPa の大気に対し，気差 ρ_0 は次式で与えられる。これはラドーの平均大気差（表 4.1 参照）を大変良く近似する。

$$\rho_0 = \frac{0.0167°}{\tan\left(a + \dfrac{7.32}{a + 4.32}\right)}. \tag{4.25}$$

気温が t [℃]，気圧が p [hPa] の場合には，係数 f を乗じる。

$$f = \frac{0.28\,p}{t + 273}, \tag{4.26}$$

$$\rho = f\rho_0. \tag{4.27}$$

4.2.6.3 視差

式（4.19）を使用する。ただし，赤道地平視差 Π_0 として，太陽では $0.0024°$，月・金星・火星では天測暦の値を使用する。

$$\pi = \Pi_0 \cos a. \tag{4.28}$$

4.2.6.4 視半径

太陽では，視半径として天測暦を参照する。月では，その赤道地平視差を用いて算出する。月の半径を r，地球の半径を R とすると，$s' = r/D$, $\Pi_0 = R/D$ であるから，

$$s' = \frac{r}{R}\,\Pi_0.$$

ゆえに，

$$s' = \begin{cases} s, & \odot, \\ 0.2724\,\Pi_0, & \mathhook{☾}. \end{cases} \tag{4.29}$$

4.2.6.5　測高度改正

それぞれの修正項は次のとおりである。日本で使用されている修正式（P. 86）と比較されたい。

$$\sigma = 0.029\,3° \sqrt{h}, \tag{4.24}$$

$$\rho = \frac{0.28\,p}{t + 273} \frac{0.016\,7°}{\tan\left(a + \dfrac{7.32}{a + 4.32}\right)}, \tag{4.25}$$

$$\pi = \Pi_0 \cos a, \tag{4.28}$$

$$s' = \begin{cases} s, & \odot, \\ 0.272\,4\,\Pi_0, & \mathbb{C}. \end{cases} \tag{4.29}$$

【例】　2015 年 8 月 9 日，太陽の下辺高度，月の下辺高度（10^h U に観測），金星，および北極星の高度を，それぞれ 21°19.7′，33°27.6′，4°32.6′，49°36.5′ に測定した。測高度を求めよ。ただし，六分儀器差 _nil_，眼高 5.4m，気温 −3℃，気圧 982hPa である（[52] P.281 例）。

【解】　次のとおり。

改正項目		☉	☾	♀	Polaris	備考
六分儀高度	a_s'	21.328 3	33.460 0	4.543 3	49.608 3	° に変換
器差	e	0.0	0.0	0.0	0.0	
六分儀高度	a_s	21.328 3	33.460 0	4.543 3	49.608 3	
眼高差	σ	0.068 1	0.068 1	0.068 1	0.068 1	
視高度	a	21.260 2	33.391 9	4.475 2	49.540 2	
天文気差	ρ_0	0.042 3	0.025 1	0.179 8	0.014 2	
天文気差係数	f	1.018 4	1.018 4	1.018 4	1.018 4	
天文気差	$f\rho_0$	0.043 1	0.025 6	0.183 1	0.014 4	
赤道地平視差	Π_0	0.002 4	0.951 7	0.008 3	$\cdots$	☾ 57.1′, ♀ 0.5′
地心視差	π	0.002 2	0.794 6	0.008 3	$\cdots$	
視半径	s'	0.263 3	0.259 2	$\cdots$	$\cdots$	
測高度	a_o	21.482 7	34.420 1	4.300 4	49.525 8	

4.3　真出没高度と常用出没高度

前節で述べたように，天体の真高度と視高度は異なる。特に，地平線付近では気差が非常に大きく 34′（太陽や月の視直径分）にも達するため，両高度は大きく異なる。ここでは，天体の中心高度が 0° になるときの高度（真出没高度）と，天体の上辺が視地平線にかかるときの高度（常用出没高度）の関係を，式（4.22）および式（4.23）を使って考察する。

4.3.1　日出没高度

日出没には**常用日出没**と**真日出没**がある。前者は太陽の上辺が視地平線に接する瞬間をいい，昼夜の境界として使われる。後者は太陽の真高度が 0° になる瞬間をいい，方位の検証など

に使われる。単に日出没といえば常用日出没をいうことが多い。

常用日出没時の中心真高度は $a_t = -0°54.2'$ である（下表左）。

真日出没時の六分儀高度は $a_s = +0°32.4'$ である（下表右）。この高度における太陽は鉛直方向に約 $1/6$ 潰れるため，視直径は約 13′ になる。したがって，太陽下辺は約 20′（約視半径分）視地平線よりも上にある。

	a_s	0°00.0′	
−	σ	3.8′	
−	ρ	34.5′	表 4.1 $a' = 0.0°$
+	π	0.1′	
−	s'	16.0′	
	a_t	−0°54.2′	

	a_t	0°00.0′	
+	σ	3.8′	
+	ρ	28.7′	表 4.1 $a' = 0.5°$
−	π	0.1′	
	a_s	+0°32.4′	中心高度
−	s'	13.0′	$16' \times 5/6$
	a_s	+0°19.4′	下辺高度

4.3.2 月出没高度

月の上辺と視地平線が接する瞬間を常用月出没時と定義する。

常用月出没時の中心真高度は $a_t = +0°06.1'$ である（下表左）。

真月出没時の上辺六分儀高度は $a_s = -0°06.1'$ である（下表右）。月は視地平線よりも下にあり見ることはできない。

	a_s	0°00.0′	
−	σ	3.8′	
−	ρ	34.5′	表 4.1 $a = 0.0°$
+	π	57.5′	表 4.2 平均値
−	s'	13.1′	表 4.2 平均値 $\times 5/6$
	a_t	+0°06.1′	

	a_t	0°00.0′	
+	σ	3.8′	
+	ρ	34.5′	
−	π	57.5′	
+	s'	13.1′	
	a_s	−0°06.1′	上辺高度

4.3.3 恒星出没高度

恒星が視地平線に接する瞬間を常用恒星出没時，恒星の中心が真地平線に重なった瞬間を真恒星出没時とする。

常用出没時の恒星の真高度は $a_t = -0°38.3'$ である（下表左）。

真出没時の六分儀高度は $a_s = +32.5'$ である（下表右）。恒星は視地平線よりも上にあるが，この高度では恒星の光は大気に吸収されてしまうので，見ることは難しい。

	a_s	0°00.0′	
−	σ	3.8′	
−	ρ	34.5′	表 4.1 $a = 0°$
	a_t	−0°38.3′	

	a_t	0°00.0′	
+	σ	3.8′	
+	ρ	28.7′	表 4.1 $a = 0.5°$
	a_s	+0°32.5′	

太陽，月，および恒星の真出没高度と視地平線の位置関係を図 4.16 に示す。

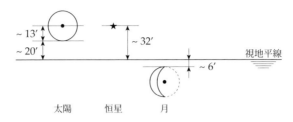

図 4.16　真出没時の天体と視地平線の位置関係

4.3.4　昼夜の長さ

春分や秋分のとき，昼夜の長さが等しいと思われがちだが，実際には異なる。これは次の理由により，太陽の昼夜の運行距離が異なるためである（図 4.17）。

日出没の定義　常用日出没は太陽の上辺で定義され，真日出没は太陽の中心で定義されるので，両日出没には太陽の直径分（約 32′）の差異がある。

大気差　大気差によって太陽は約 0.5° 浮き上がって見える。

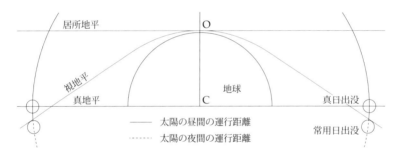

図 4.17　日出没と昼夜の長さ

実際にどの程度の差があるのか検証する。

常用日出没高度は $a = -0°54.2′$，赤緯は $\delta = 0°$ であるから，半日周弧 h_s は，式（3.28）から

$$\cos h_s = \frac{\sin(-0°54.2′) - \sin\phi\sin 0°}{\cos\phi\cos 0°} = \frac{-0.015\,765}{\cos\phi}.$$

したがって，昼の長さ t_d と夜の長さ t_n は

$$t_d = 2 \times \arccos\frac{-0.015\,765}{\cos\phi},$$
$$t_n = 24^{\mathrm{h}} - t_d.$$

緯度を 30°N とすると，次のとおり昼が 16^{m} 長い。

$$t_d = 2 \times \arccos \frac{-0.015\,765}{\cos 30°} = 2 \times 6^\mathrm{h}04^\mathrm{m} = 12^\mathrm{h}08^\mathrm{m},$$

$$t_n = 24^\mathrm{h} - 12^\mathrm{h}08^\mathrm{m} = 11^\mathrm{h}52^\mathrm{m},$$

$$t_d - t_n = 16^\mathrm{m}.$$

なお，真日出没（高度 0°）で昼夜の長さを比較すると，それらは等しくなる。

$$\cos h_s = -\tan\phi\tan\delta = 0.$$

$$\therefore \ h_s = 90° = 6^\mathrm{h}00^\mathrm{m}.$$

$$\therefore \ t_d = t_n = 12^\mathrm{h}00^\mathrm{m}.$$

第 5 章

天文航海

5.1　天体高度による位置の線

天体の高度を測定することにより**位置の圏**を得ることができる。どの天体であってもそれが天頂（$a = 90°$）に見える地点は地球上に 1 点しかなく，その点を天体の**地位**（geographic position: GP）という。その天体を同高度に見る位置は地位を中心とする小円（同高度圏）で，地位から遠ざかるにつれ大きくなり，天体を真地平線（$a = 0°$）に見るとき大円（地球の径）になる。

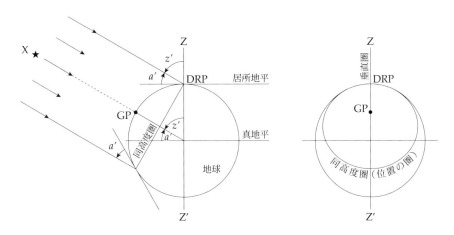

図 5.1　天体の高度による位置の線

天体の測高度 a_o と**推測位置**（dead reckoning position: DRP）における計算高度 a_c の差を**修正差**（intercept: i）という。

$$i = a_o - a_c. \tag{5.1}$$

この修正差により，同高度圏と同心の位置の圏を得る。

$i > 0$　位置の圏は地位に近い側にあり，同高度圏よりも小さい圏になる。

$i = 0$　位置の圏は推測位置を通り，同高度圏と同じ圏になる。

$i < 0$　位置の圏は地位から遠い側にあり，同高度圏よりも大きい圏になる。

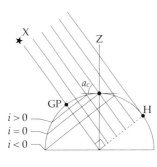

図 5.2 高度による位置の圏

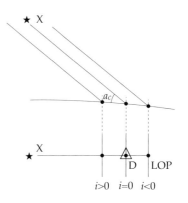

図 5.3 高度による位置の線

位置を決定するには 2 以上の位置の圏を必要とする。天体 X_1 を高度 a_1 に見る位置の圏 c_1 と，天体 X_2 を高度 a_2 に見る位置の圏 c_2 は 2 交点 P, P′ を持ち，推測位置 D の近傍にある点が船位 F である（図 5.4）。

位置の圏は微小範囲では直線で近似できるから，海図上では位置の圏の一部を**位置の線**（line of position: LOP）として直線で扱い，2 本以上の位置の線の交点を船位とする（図 5.5）。

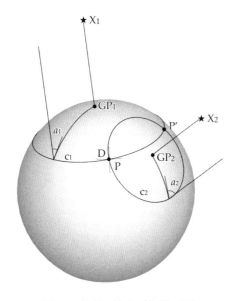

図 5.4 船位の決定（位置の圏）

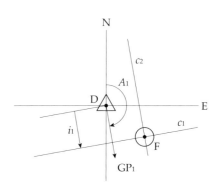

図 5.5 船位の決定（位置の線）

5.2 緯度の取得

特別の状態にある天体を観測することによって，緯度を直接得ることができる。この方法には，子午線高度緯度法，傍子午線高度緯度法，および北極星緯度法がある。

5.2.1 子午線高度緯度法

天体の正中高度を測定することによって，そのときの緯度 ϕ を得る方法を子午線高度緯度法という。この方法は主に太陽の正中時に実施される。

緯度 ϕ は，極上正中（$h = 0°$）にあっては，式（3.12）から，

$$\phi = \begin{cases} (90° - a) + \delta = z + \delta, & \phi > \delta, \\ -(90° - a) + \delta = -z + \delta, & \phi < \delta. \end{cases} \tag{5.2}$$

極下正中（$h = 180°$）にあっては，式（3.13）から，

$$\phi = \begin{cases} a + (90° - \delta) = a + p, & \phi + \delta > 0, \\ -90° - a - \delta, & \phi + \delta < 0. \end{cases} \tag{5.3}$$

ここで，z は頂距，p は極距である。

【例】 2015 年 4 月 14 日視正午，推測位置（10°08′S, 137°20′E）において，太陽の正中を観測した。

（1）正中時刻（日本標準時），正中高度，および正中方位を求めよ。

（2）太陽の子午線高度を 70°38.2′（高度改正済み）に測定した。実測緯度を求めよ。

【解】 （1）正中時刻，正中高度，正中方位

$t_\odot$	4/14	$12^{\mathrm{h}}00^{\mathrm{m}}00^{\mathrm{s}}$				$90°00.0′$	式（3.12）第 2 式
λ		$-9^{\mathrm{h}}09^{\mathrm{m}}20^{\mathrm{s}}$		ϕ		$-10°08.0′$	
$T_\odot$	4/14	$2^{\mathrm{h}}50^{\mathrm{m}}40^{\mathrm{s}}$		δ		$+9°15.3′$	
ϵ, δ		-26^{s}	$+9°15.3′$	a_c		$70°36.7′$	
$T_\circledcirc$	4/14	$2^{\mathrm{h}}51^{\mathrm{m}}06^{\mathrm{s}}$		A		$0°$	式（3.15）第 2 式
Λ		$+9^{\mathrm{h}}00^{\mathrm{m}}00^{\mathrm{s}}$					
JST	4/14	$11^{\mathrm{h}}51^{\mathrm{m}}06^{\mathrm{s}}$					

（2）実測緯度

	$90°00.0′$	式（5.2）第 2 式	a_c		$70°36.7′$
a_o	$70°38.2′$		a_o		$70°38.2′$
δ	$+9°15.3′$		$a_o - a_c$		$0°01.5′$
ϕ_o	$-10°06.5′$		ϕ		$-10°08.0′$
			ϕ_o		$-10°06.5′$

右表は高度差 $a_o - a_c$ が緯度差であることを利用して緯度を求めたものである。（1）右表 a_c に続けて計算してもよい。

5.2.2　傍子午線高度緯度法

天候の状況等によっては正中高度を測定できない場合がある。このような場合，正中前後の**傍子午線高度**（ex-meridian altitude）を測定することによって，測定時の緯度を得る方法を傍子午線高度緯度法という。子午線高度（正中高度）と傍子午線高度の関係を図 5.6 に示す。この方法は主に太陽で実施される。

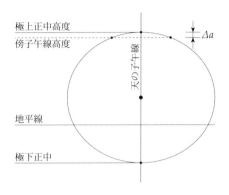

図 5.6　子午線高度と傍子午線高度

子午線高度を a_0，傍子午線高度を a とすると，式（3.1）から，

$$\sin a_0 = \sin\phi\sin\delta + \cos\phi\cos\delta,$$
$$\sin a = \sin\phi\sin\delta + \cos\phi\cos\delta\cos h.$$

ここで，時角 h は正中後であれば通常どおり西方時角とし，正中前であれば東方時角（東方に測った時角）とする。

両辺を引くと，

$$\sin a_0 - \sin a = \cos\phi\cos\delta(1 - \cos h).$$

これを変形し，

$$\cos\frac{a_0 + a}{2}\sin\frac{a_0 - a}{2} = \cos\phi\cos\delta\sin^2\frac{h}{2}.$$

天体は子午線近傍にあるから，$a_0 - a$ および h は微小である。また，式（3.11）から，

$$\cos\frac{a_0 + a}{2} = \cos a_0 = \cos(90° - |\phi - \delta|) = \sin|\phi - \delta|,$$
$$\sin\frac{a_0 - a}{2} = \frac{a_0 - a}{2}, \quad \sin^2\frac{h}{2} = \frac{h^2}{4}.$$

ゆえに，

$$a_0 = a + \frac{\cos\phi\cos\delta}{2\sin|\phi - \delta|}h^2. \tag{5.4}$$

式（5.4）右辺第 2 項（常時正）を傍子午線高度 a に加算して子午線高度 a_0 を求める [45]。得られた a_0 を式（5.2）に代入し，観測時の緯度を得る。

【例】　2015 年 12 月 30 日視正午頃，推測位置（44°22′S, 82°30′W）にて，船内基準時計が $05^{\mathrm{h}}50^{\mathrm{m}}12^{\mathrm{s}}$（誤差なし）を示すとき，太陽の傍子午線高度を 68°24.3′（高度改正済み）に測定した。観測時の緯度を求めよ（[37] P.192 例を改）。

【解】　推測経度から，U $= 17^{\mathrm{h}}50^{\mathrm{m}}12^{\mathrm{s}}$（$= 17.836\,7^{\mathrm{h}}$）。

（1）太陽の地方時角 h（英国版天測暦使用）

	H	δ	
17$^\mathrm{h}$	74°23.0′	−23°09.1′	グリニッジ時角
18$^\mathrm{h}$	89°22.7′	−23°08.9′	
17.836 7$^\mathrm{h}$	86°55.8′	−23°08.9′	
λ	−82°30.0′		
h	4°25.8′		地方時角
h	0.077 31		ラジアン

（2）子午線高度 a_0，緯度 ϕ

$\cos\phi$	0.714 880	式（5.4）			−90°00.0′	式（5.2）第2式
$\cos\delta$	0.919 486			a_0	68°43.0′	
h^2	0.005 977			δ	−23°08.9′	
$\sin\lvert\phi-\delta\rvert$	0.361 914			ϕ	−44°25.9′	
a_0-a	0.005 428					
a_0-a	18.7′					
a	68°24.3′					
a_0	68°43.0′					

5.2.3 北極星緯度法

　天の北極の高度はその地の緯度に等しい。北極星は天の北極の近傍（$\delta=89°20′\mathrm{N}$, 2018 年）にあるため，その高度に若干修正することによって緯度を得ることができる（図5.7）。この方法を北極星緯度法という。この方法は北極星を見ることのできる海域（ほぼ 20°N 以北）に限定される。

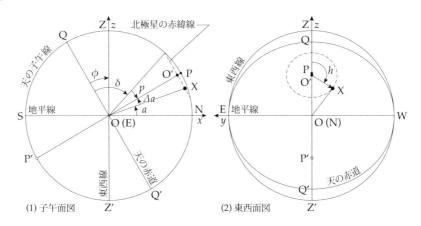

図 5.7　北極星緯度法

　その極距を p（$=90°-\delta$）とおくと，北極星の高度 a は，式（3.2）から，

$$\sin a = \sin\phi\cos p + \cos\phi\sin p\cos h. \tag{5.5}$$

北極星高度 a を p の関数と考え，$a(p)$ をマクローリン展開する（7.12 節参照）。

$$a(p) = a(0) + a'(0) \cdot p + \frac{1}{2} a''(0) \cdot p^2 + \cdots .$$

式（5.5）を逐次微分し，上式の係数を求めると，

$$a(0) = \phi,$$
$$a'(0) = \cos h,$$
$$a''(0) = -\tan \phi \sin^2 h.$$

ゆえに，$a(p)$ は，

$$a = \phi + \cos h \cdot p - \frac{1}{2} \tan \phi \sin^2 h \cdot p^2. \tag{5.6}$$

したがって，緯度 ϕ は次式で表される。緯度の符号は当然 N（＋）である。

$$\phi = a - \cos h \cdot p + \frac{1}{2} \tan \phi \sin^2 h \cdot p^2. \tag{5.7}$$

【例】　2000 年 4 月 30 日 $10^{\mathrm{h}}25^{\mathrm{m}}$ U，推測経度 136°00′E において，北極星真高度を 30°46.3′（高度改正済み）に測定した。実測緯度を求めよ。ただし，$E_\star = 12^{\mathrm{h}}02^{\mathrm{m}}32^{\mathrm{s}}$，$d = 89°15.8′$N である（[48] P.466 例題）。

【解】　北極星緯度法においては，時角 h は分（^{m}）単位まで求めれば十分である。

式（5.7）から緯度を求める。ただし，$\phi \simeq a$ であるので，右辺 ϕ の代わりに a を用いる。

U	4/30	$10^{\mathrm{h}}25^{\mathrm{m}}$			a		30°46.3′
$E_\star, \delta, p$		$12^{\mathrm{h}}03^{\mathrm{m}}$	+89°15.8′	44.2′	p	0.012 857	
$\Delta E_\star$		2^{m}			$\cos h$	−0.398 749	
H		$22^{\mathrm{h}}30^{\mathrm{m}}$			$\cos h \cdot p$	−0.005 127	−17.6′
λ		$+9^{\mathrm{h}}04^{\mathrm{m}}$			$\tan a$	0.595 450	
h		$7^{\mathrm{h}}34^{\mathrm{m}}$			$\sin^2 h$	0.840 999	
					p^2	0.000 165	
					$\tan a \sin^2 h \cdot p^2/2$	0.000 041	0.1′
					ϕ		31°04.0′

5.3　船位の決定

5.3.1　沿岸航海と大洋航海

天文航海の概略を図 5.8 に示す。図中，⊙ は**実測船位**（fixed position: FP），△ は推測船位（DRP）である。

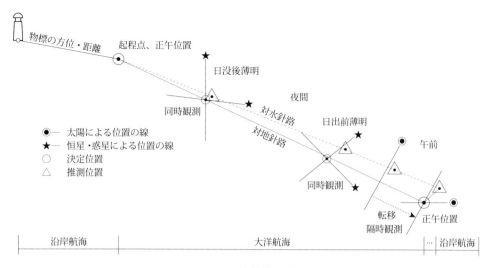

図 5.8　天文航海の流れ

（1）沿岸航海から大洋航海への移行

　陸地にある航路標識や物標を利用して船位を得ることができなくなるとき，陸岸の物標より得た確実な船位を**起程点**（departure point: DP）とする。この時点をもって，沿岸航海から大洋航海に移行し，天文航海や電子航海を実施する。起程点において，同点から翌日の正午までの針路を定める。

（2）天文航海の手順

　天文航海では，正午から翌日の正午までほぼ同一針路で航走する。時間帯によって，次のとおり天測等を実施する。なお，高度の測定ができるのは，地平線を見ることができる日出前薄明から日没後薄明までである。

日出前薄明
- 地平線が見え始めた頃，星測を開始する。恒星や惑星を観測して複数の位置の線を得て，これらの交点をその時刻の船位とする。このように，ほぼ同時機に天体を観測する方法を**同時観測**という。
- 北極星高度を測定し，緯度を求める（北極星緯度法）。
- 北極星方位を測定し，コンパス方位を検証する（北極星方位角法）。

日出
日出方位を測定し，コンパス方位を検証する（日出没方位法）。

午前
- 太陽高度を測定し，位置の線を得る。
- 東方にある太陽の方位を測定し，コンパス方位を検証する（時辰方位角法）。

視正午
- 子午線高度緯度法，または傍子午線高度緯度法によって緯度を求める。この緯度線と午前の位置の線の転移線から正午位置とする。このように，時間を隔てて測定した位置の線を利用して船位を求める方法を**隔時観測**という。
- 正午から新しい針路を定め，前日正午位置からの針路・航程を集計する。

午後

- 太陽高度を測定し，位置の線を得る。正午位置の精度を検証する。
- 西方にある太陽の方位を測定し，コンパス方位を検証する（時辰方位角法）。

日没　日没方位を測定し，コンパス方位を検証する（日出没方位法）。

日没後薄明　日没後，星測を実施し船位を得る。その他，日出前薄明に同じ。

夜　恒星（惑星）方位を測定し，コンパスを検証する（時辰方位角法）。

（3）大洋航海から沿岸航海への移行

陸岸を捉え，物標による船位に確証が得られたならば，大洋航海を終了し沿岸航海へと移行する。

5.3.2　天体の選定

位置の線の精度の観点と船位検証の観点から天体を選定する。天体の組合せについては，同時観測，隔時観測を参考にされたい。

5.3.2.1　天体の選定

天体の高度を考慮する。

- 太陽では $20°\sim60°$，恒星では $30°\sim60°$ が適当である。
- 低高度の場合，天体は地平線付近の水蒸気や塵埃の影響を受けやすく，また，気差の変化が大きいため，高度の改正に誤差を生じやすい。
- 高高度の場合，天体を六分儀で正確に地平線に下ろすのは難しくなる。また，位置の圏が小さくなるため，これを位置の線で置き換えたときに曲率による誤差が生じる。
- 天体高度の変化の観点から見ると，子午線に近い天体は高度の変化が小さく，測定誤差を抑えることができる。

地平線の状態を考慮する。

- 日出時の星測にあっては，東の地平線が先に明瞭になり，かつ東にある天体は見えなくなるので，東にある天体から先に観測する。
- 日没時の星測にあっては，東の地平線から先に不明瞭になり，かつ東にある天体から見え始めるので，東にある天体を先に観測する。

単一の位置の線では船位を求めることはできないが，船位を検証することはできる。

- 東西方向にある天体であれば，経度を検証することができる。
- 南北方向にある天体であれば，緯度を検証することができる。正確に緯度を知りたい場合は，子午線高度緯度法や北極星緯度法を利用する。
- 針路方向にある天体であれば，船位の前後の偏位および船速を検証することができる。
- 針路と直角方向にある天体であれば，船位の左右の偏位および針路を検証することができる。

　複数の位置の線により船位を求めることができる。その際，天体を適切に選定することによって，船位の精度を高めることができる（6.3 節参照）。

- 2 天体の場合，天体方位の交角が 90° に近い天体を選ぶ。交角が 90° のときが最も精度が良く，交角がそれよりも大きく，または小さくなるにしたがって船位の精度は悪くなる。
- 3 天体の場合，天体方位の交角が 120° に近い天体を選ぶ。位置の線が誤差三角形を作りそれが小さい場合，内心を船位とする（図 5.9）。
- 4 天体の場合，天体方位が相反する天体を 2 組選び，それぞれの組の位置の線の 2 等分線の交点を船位とする（図 5.10）。

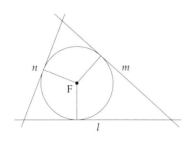

図 5.9　位置の線（3 本）と船位

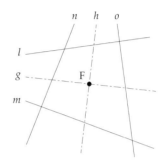

図 5.10　位置の線（4 本）と船位

5.3.2.2　薄明時に見える天体

　星測は薄明時に実施されるため，薄明時に見える天体を特定する必要がある。特に日没時にあっては，時間の経過にともなって，恒星等は明瞭になる反面，地平線は次第に不明瞭になるので，地平線が明瞭な内に天体を特定し高度を測定する必要がある。

星座早見盤　　星座早見盤は特定の緯度を想定した天体配置図で，観測する日時・時刻を合わせるだけで観測可能な天体を特定できる。ただし，想定緯度と観測地の緯度が大きく異なる場合は正確に天空を表すことができない。また，北緯用は南緯では使用できない。

星図ソフト　　星図ソフトの利用は簡単で，観測日時・時刻・位置を入力すれば，観測可能な天体を特定できる。天体の正確な方位・高度を表示するので，事前の天体選定ばかりでなく，天測の検算としても利用できる。

恒星略図　　天測暦に付属する恒星略図は地球から見た天体配置が記載された赤道面図で，北半球図と南半球図がある。観測時の天頂と地平線を求めれば，その地において視認できる天体を特定できる。

- 天頂の赤緯は観測地の緯度に等しい。
- 天頂の赤経は当日の太陽の時圏から半日周弧を修正した時圏である。

　例えば，半日周弧が 6^h であれば，日没時の天の子午線は 18^h（$= 12 + 6^h$）の時圏で，日出時の天の子午線は 6^h（$= 12 - 6^h$）の時圏になる。その子午線上において赤緯を取れば，そこが天頂である。

天球儀　　天球儀には天の赤道と赤緯・赤経，黄道と太陽位置，および恒星と星座が描かれて

いる。天球儀は立体でわかりやすい反面，天球を外側から見るように作られているため
星座は左右反対になる。使用方法は恒星略図と同様で，観測時の天頂を特定し，天頂を
含む半球内を視野とする。

【例】 春分の日没時，緯度 30°N における観測可能な天体を恒星略図を用いて特定せよ。

【解】 (1) 天頂位置（図 5.11 ✖）。

- 天頂の赤緯：緯度に等しいから，30°N である。
- 天頂の赤経：春分における太陽の赤緯，赤経は $(0°, 0^h)$ である（同図 ♈）。半日
  周弧は 6^h であるから，天頂（天の子午線）は 6^h である。

(2) 地平線位置は次の点を結んだ線（同図 ━）。

- 北点 N：天頂から 90° 北に向かった点 $(0°, 6^h)$
- 南点 S ：天頂から 90° 南に向かった点 $(0°, 18^h)$
- 西方点 W：太陽位置 $(0°, 0^h)$
- 東方点 E ：天の子午線を軸とした太陽位置の対象点 $(0°, 12^h)$

(3) 観測可能な天体は，地平線から天頂側にある天体である。

- 天頂に近い天体ほど高度は高く，水平線に近いほど低い。
- 天の子午線上にある天体は南北に，東西線（破線）上にある天体は東西に見える。
- 天の子午線および東西線により，天体を 4 象限（NE, SE, SW, NW）に分類でき
  概略方位を知ることができる。

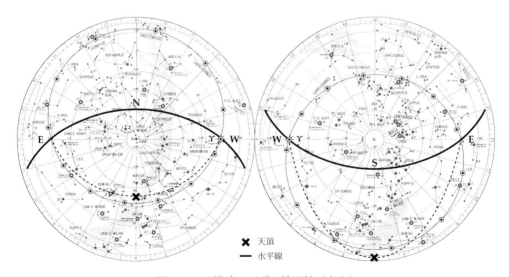

図 5.11 日没時の天頂と地平線（春分）

（出所：海上保安庁海洋情報部編『平成 30 年 天測暦』恒星略図を改）

5.3.3 隔時観測

昼間の太陽など，単一の天体のみ観測可能な場合，1 回の観測からは単一の位置の線しか得られない。したがって，時間を隔てて同天体を観測し，複数の位置の線から船位を求める必要がある。この方法を隔時観測という。

図 5.12 は，午前の太陽観測と視正午の太陽観測から，視正午位置を求めたものを示している。午前に推測位置 L において位置の線 l を，視正午に推測位置 M において位置の線 m を得た。この場合，午前の位置の線 l を航走距離 LM 分転移して l′ と

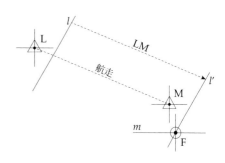

図 5.12 隔時観測

し，転位線 l′ および位置の線 m の交点を視正午の船位 F としたものである。

観測間隔は数時間経過する場合が多く，例えば，08 時頃に午前の太陽を観測し，視正午に太陽を観測した場合，経過時間は約 4 時間になる。観測間隔が長くなることによって，海流や風等による外力の影響が大きくなることを考慮しなければならない（6.3.2 節参照）。

隔時観測では，次の天体の組合せが考えられる。

日出前薄明時の恒星（惑星）と午前の太陽　星測と太陽を利用して，船位を求めることができる。

午前と視正午の太陽　この組合せは正午船位を求める場合によく利用される。

視正午と午後の太陽　午後の太陽により正午位置の精度を検証することができる。

5.3.4 同時観測

同時に複数の天体を観測し，複数の位置の線から船位を求める方法を同時観測という。同時とはいえ，複数の天体の観測には若干の時間を要するので，その時間差に見合う航程分，位置の線を転移する必要がある。

図 5.13 は 3 恒星の同時観測を示しており，推測位置 L, M, N において位置の線 l, m, n を得，そして l, m を転移し，l′, m′, n の交点を船位 F としたものである。

星測の場合，最初の観測から最後の観測までの時間間隔は数十分程度である。

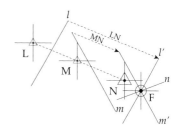

図 5.13 同時観測

同時観測では，次の天体の組合せが考えられる。

複数の恒星と惑星　薄明時間帯に複数の天体を観測する。

太陽と月　昼間にあって，太陽と月が観測可能な場合には，両位置の線により船位を得ることができる。

5.3.5 船位の決定

5.3.5.1 位置決定用図の使い方

　沿岸航海では，海岸図（1:200 000）を使用し，これに直接位置の線を記入して船位を得るが，大洋航海では**位置記入用図**（1:1 200 000）を使用するので，縮尺の関係から同図上で作図して船位を求めるには若干不向きである．作図には**位置決定用図**を用いるとよい．

　同図には方位環，漸長緯度尺，および経度尺が記載されており，方位環の中心を推測位置として位置の線を記入する．漸長緯度尺，経度尺を利用して変緯・変経を求め，これを推測位置に加減することによって，船位を求める．

【**例**】　次の位置の線を位置決定用図に記入せよ．ただし，緯度を 35°N とする．

- （1）l（$A = 100°$，$i = +5.0'$）
- （2）m（$A = 210°$，$i = -3.0'$）

【**解**】　方位環の中心を推測位置 △ とし，次のとおり作図する（図 5.14）．

- （1）l：中心から方位線 100° を描き，その線上に中心から天体方向へ 5.0'（地理緯度 35° の漸長緯度尺）の点をとる．この点を通り方位線に直角な線が位置の線 l である．
- （2）m：中心から方位線 210° を描き，その線上に中心から天体と反対方向へ 3.0' の点をとる．この点を通り方位線に直角な線が位置の線 m である．

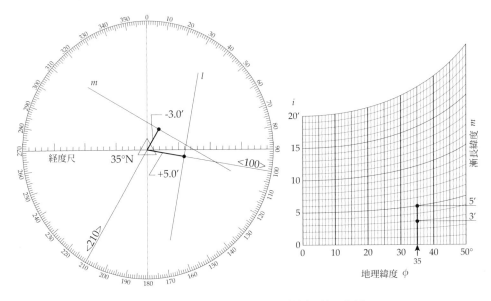

図 5.14　位置決定用図を用いた位置の線の作図

5.3.5.2 隔時観測による船位

　太陽の隔時観測により正午船位を求める方法を例に解説する．

【例】（太陽の隔時観測による正午位置）　2015 年 4 月 19 日，次のとおり正午位置を求めた。各問に答えよ。ただし，船用基準時計誤差 −1^s，六分儀器差 −1.0′，眼高 13m である（三級 2015 年 4 月を改）。

（1）0900 頃，推測位置（25°14′N, 162°32′E）において，船用基準時計が 10^{h}09^{m}56^s を示すとき，太陽の下辺高度を 45°13.0′ に測定した。当観測による位置の線を求めよ。

（2）その後，視正午まで 300° で 44′ 航走した。視正午の推測位置を求めよ。

（3）視正午に太陽の下辺子午線高度を 75°14.0′ に測定した。視正午の船位を求めよ。

【解】　計算に先立ち，観測時刻を世界時に改め，誤差等を修正しておく。

船内時	天体	世界時 U	六分儀高度 a_s	備考
4/19 0900 頃	☉	4/18 22^{h}09^{m}55^s	45°12.0′	日付に注意
4/19 視正午	☉	−	75°13.0′	

（1）午前の太陽観測による位置の線

　（i）太陽の時角 h を求める。

U	4/18	22^{h}09^{m}55^s		観測時刻（世界時）
$E_☉, \delta$		12^{h}00^{m}41^s	+10°57.4′	天測暦
H		10^{h}10^{m}36^s		グリニッジ時角
H		152°39.0′		
λ		+162°32.0′		経度
h		315°11.0′		地方時角

　（ii）計算高度 a_c，および方位 A を求める。

　（iii）測高度 a_o，および修正差 i を求める。

　（iv）位置の線 l（$A = 100.2°$, $i = +1.7′$）を作図する（図 5.15 l）。

$\sin a_c$	0.711 007	式（3.2）	a_s	45°12.0′	
a_c	45°19.0′		C_1	+8.5′	天測計算表
x	−0.124 964	式（3.3）	C_2	+0.2′	
y	0.691 992		C_2	+0.0′	
$\tan A$	−5.537 583		a_o	45°20.7′	
A	100.2°	∵ $x < 0$	a_c	45°19.0′	
			i	+1.7′	

（2）視正午の推測位置

　漸長緯度航法（7.10 節参照）を用いて推測位置 D$_2$ を求める。

D$_1(\phi_1, \lambda_1)$	+25°14.0′	+162°32.0′	m_1	1 579.9′
$d\phi, d\lambda$	+22.0′	−42.1′		
D$_2(\phi_2, \lambda_2)$	+25°36.0′	+161°49.9′	m_2	1 555.6′
			dm	24.3′

（3）視正午の観測による位置の線と視正午の船位

（ⅰ）太陽の正中時刻，および赤緯 δ を求める。

$t_\odot$	4/19	$12^{\rm h}00^{\rm m}00^{\rm s}$	正中時刻（地方視時）
λ		$-10^{\rm h}47^{\rm m}20^{\rm s}$	$+161°49.9'$，東経なので $-$
$T_\odot$	4/19	$1^{\rm h}12^{\rm m}40^{\rm s}$	正中時刻（グリニッジ視時）
ϵ		$44^{\rm s}$	$\epsilon = E_\odot - 12^{\rm h}$
$T_\circledcirc, \delta$	4/19	$1^{\rm h}11^{\rm m}56^{\rm s}$　$+11°00.1'$	正中時刻（世界時，$T_\circledcirc = T_\odot - \epsilon$）
λ		$+10^{\rm h}47^{\rm m}20^{\rm s}$	
$t_\circledcirc$	4/19	$11^{\rm h}59^{\rm m}16^{\rm s}$	正中時刻（地方平時）

（ⅱ）正中時の計算高度 a_c，および方位 A を求める。

（ⅲ）正中時の測高度 a_o，および修正差 i を求める。太陽は南中し修正差は $i < 0$ であるから正午位置は北にある。推測位置の $1.8'\rm N'ly$ に位置の線 n を作図する。（図 5.15 n）

	$90°00.0'$	式（3.12）第 1 式
ϕ_2	$+25°36.0'$	
δ	$+11°00.1'$	
a_c	$75°24.1'$	
A	$180°$	$\because \phi_2 > \delta$

a_s	$75°13.0'$	
C_1	$+9.1'$	天測計算表
C_1	$+0.2'$	
a_0	$75°22.3'$	
a_c	$75°24.1'$	
i	$-1.8'$	$\rightarrow 1.8'\rm N'ly$

（ⅳ）l と n の交点を視正午の船位とする（図 5.15 F）。

$D_2\,(\phi_2,\ \lambda_2)$	$+25°36.0'$	$+161°49.9'$
$\varDelta\phi,\ \varDelta\lambda$	$+1.8'$	$+2.2'$
$F\,(\phi_{\rm N},\ \lambda_{\rm N})$	$+25°37.8'$	$+161°52.1'$

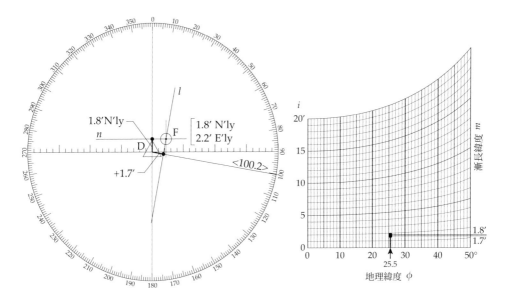

図 5.15 　【例】太陽の隔時観測による正午位置

5.3.5.3　同時観測による船位

複数の恒星の同時観測により船位を求める方法を例に解説する。

【例】（恒星の同時観測による船位）　2015 年 4 月 20 日 0555 頃，真針路 140°，速力 15 kn で
航行中，推測位置（28°45′S, 19°38′W）において，次のとおり天体の高度を測定した。後
測時の船位を求めよ。ただし，船内基準時計誤差 +1^s，六分儀器差 +2.0′，気温 24°C，海
水温度 22°C，眼高 18m である（二級 2015 年 4 月を改）。

天体	船内基準時計	測高度
35 Formalhaut	07^{h}09^{m}53^s	47°51.0′
24 Altair	07^{h}13^{m}48^s	52°27.0′

【解 1】　この例は後測時の推測位置で両天体の位置の線を求め，前測の位置の線を転移するこ
とによって船位を求める問題である。最初に，観測データをまとめておく。

船内時等	天体	世界時 U	六分儀高度 a_s
4/20　0551 頃	35 Formalhaut	4/20　07^{h}09^{m}54^s	47°53.0′
4/20　0555 頃	24 Altair	4/20　07^{h}13^{m}49^s	52°29.0′
経過時間		3^{m}55^s	

（1）天体の地方時角 h を求める。

		Formalhaut		Altair	
U	4/20	07^{h}09^{m}54^s		07^{h}13^{m}49^s	
$E_\star, \delta$		14^{h}52^{m}35^s	−29°32.4′	17^{h}59^{m}32^s	+8°54.6′
$\Delta E_\star$		1^{m}11^s		1^{m}11^s	
H		22^{h}03^{m}40^s		1^{h}14^{m}32^s	
H		330°55.0′		18°38.0′	
λ		−19°38.0′		−19°38.0′	
h		311°17.0′		359°00.0′	

（2）推測位置における計算高度 a_c，および計算方位 A を求める。

（3）測高度 a_o，および修正差 i を求める。

	Formalhaut	Altair
$\sin a_c$	0.740 390	0.791 519
a_c	47°45.9′	52°19.7′
x	−0.156 162	0.610 902
y	0.653 786	0.017 213
$\tan A$	−4.186 576	0.028 177
A	103.4°	1.6°

	Formalhaut	Altair
a_s	47°53.0′	52°29.0′
C_1	−8.4′	−8.3′
C_2	+0.4′	+0.4′
a_o	47°45.0′	52°21.1′
a_c	47°45.9′	52°19.7
i	−0.9′	+1.4′

（4）位置の線を描く。

- Altair（後測）の位置の線 a を描く。

- Altair（後測）の推測位置を用いたので，Formalhaut（前測）の位置の線 f を転移しなければならない。

- 両測定時の時間差は 3^m55^s なので，転移量は $140°$ へ，$15.0\text{kn} \times 3.9/60 = 1.0'$ である。

- Formalhaut の位置の線 f を描き，$(140°, 1.0')$ 転移し，転位線 f' を得る。

  または，中心から転移点 $D'(140°, 1.0')$ を取り，その点 D' から f を描くと，転移線 f' を直接得ることができる。

  後者は f' を得るのに f を描く必要がなく，作図量が少なく図面が煩雑になりにくい。

（5）後測時の船位 F を求める。

  位置の線 a と転位線 f' の交点を後測時（0555 時）の船位 F とする（図 5.16）。

D (ϕ, λ)	$-28°45.0'$	$-19°38.0'$
$d\phi, d\lambda$	$+1.4'$	$+0.2'$
F (ϕ, λ)	$-28°43.6'$	$-19°37.8'$

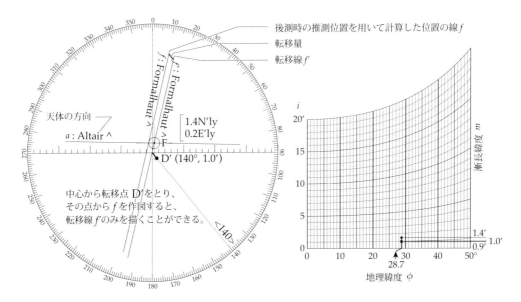

図 5.16　【解 1】恒星の同時観測による船位

【解 2】　【解 1】では，作図の段階で前測の位置の線を転移して船位を求めた。しかし，この方法では，天体が増えると作図が煩雑になる（図 5.16）。そこで，隔時観測と同様に，各天体の観測時ごとに推測位置を算出し，その位置における位置の線を計算すれば，転移に関する作図を省くことができる。計算量は多くなるが，表計算等を用いるのであれば，問題はないであろう。

以下，計算結果と作図を示す。

（1）各恒星の観測時の推測位置を用いて，方位 A，および修正差 i を求める。

（2）位置の線の交点から，後測時の船位 F を求める（図 5.17）。

	Formalhaut	Altair		D (ϕ, λ)	−28°45.0′	−19°38.0′
ϕ	−28°44.2′	−28°45.0′		$d\phi, d\lambda$	+1.4′	+0.2′
λ	−19°38.7′	−19°38.0′		F (ϕ, λ)	−28°43.6′	−19°37.8′
h	311°17.0′	359°00.1′				
A	103.5°	1.6°				
a_c	47°45.1′	52°19.7′				
a_o	47°45.0′	52°21.1′				
i	−0.1′	+1.4′				

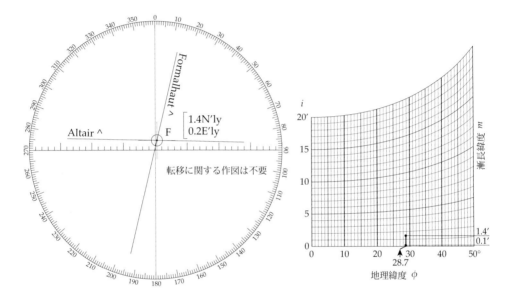

図 5.17　【解 2】恒星の同時観測による船位

[**船位を求める時刻**]　この例のように，後測時の船位を求めることが多い。しかし，船位を求める時刻は他にも設定でき，前測時とすることもできるし，測定時以外に設定してもよい。この例では 0555 時としているが，0600 時に設定すれば，正時の船位を得ることができる。

ただし，観測時刻から大きく離れた時刻に設定すると，海流等外力の影響を受け，誤差を多く含んだ船位となってしまう。

5.3.5.4　計算による船位決定法

英国版天測暦に掲載されている計算のみによる船位決定法を引用する形で紹介する（ [53] P.282）。

推測位置 D_1 , D_2 , ... における天体観測により得られた方位および修正差を (A_1 , i_1) , (A_2 , i_2) , ... とし，次の A~G を求める。

$$
\begin{cases}
A = \cos^2 A_1 + \cos^2 A_2 + \cdots , \\
B = \cos A_1 \sin A_1 + \cos A_2 \sin A_2 + \cdots , \\
C = \sin^2 A_1 + \sin^2 A_2 + \cdots , \\
D = i_1 \cos A_1 + i_2 \cos A_2 + \cdots , \\
E = i_1 \sin A_1 + i_2 \sin A_2 + \cdots , \\
G = AC - B^2 .
\end{cases}
\tag{5.8}
$$

船位を決定するときの推測位置を $D(\phi, \lambda)$ とすると，決定位置 $F(\phi_F , \lambda_F)$ は

$$
\begin{cases}
\phi_F = \phi + \dfrac{CD - BE}{G} , \\
\lambda_F = \lambda + \dfrac{AE - BD}{G \cos \phi} .
\end{cases}
\tag{5.9}
$$

推測位置と決定位置の距離差 d は

$$
d = 60 \sqrt{(\lambda_F - \lambda)^2 \cos^2 \phi + (\phi_F - \phi)^2} \quad ['] .
\tag{5.10}
$$

d について，

- $d < 20'$ であれば，船位を $F(\phi_F , \lambda_F)$ とする。
- $d \geq 20'$ であれば，$\phi \leftarrow \phi_F$, $\lambda \leftarrow \lambda_F$ として再計算する。

【例】　2018 年 7 月 4 日 21^h U 頃，針路 325°，船速 20kn で航行中，次のとおり恒星の高度を測定した。$21^\text{h}00^\text{m}00^\text{s}$ U の推測位置を D (32°N, 15°W) として船位を求めよ（ [53] P.282）。

		Regulus	Antares	Kochab	備考
世界時 U	7/4	$20^\text{h}39^\text{m}23^\text{s}$	$20^\text{h}45^\text{m}47^\text{s}$	$21^\text{h}10^\text{m}34^\text{s}$	
測高度 a_o		27.067 5°	25.958 0°	47.533 8°	高度改正済

【解】　（1）天測暦から春分点時角 H_Υ，恒星時角 $H_\star$，恒星の赤緯 δ を求める。

U	H_Υ	ΔH_Υ			Regulus	Antares	Kochab
20^h	222°46.6′	15°02.4′		$H_\star$	207°40.1′	112°21.7′	137°19.6′
21^h	237°49.0′	15°02.5′		δ	N11°52.7′	S26°28.2′	N74°05.2′
22^h	252°51.5′						

（2）1回目の計算を実施する。

下表において，△ の部分は必要ないが，21.0^h の船位を求めることを強調するために表示した。

		Regulus	Antares	△	Kochab	備考
■ 観測						
観測時刻	U	20.6564^h	20.7631^h	21.0^h	21.1761^h	
測高度	a_o	$27.0675°$	$25.9580°$		$47.5384°$	
■ グリニッジ時角，赤緯						
時刻小数点以下	f	0.6564	0.7631	0	0.1761	
春分点時角	$H_Υ$	$232.6488°$	$234.2530°$		$240.4657°$	
恒星時角	$H_\star$	$207.6683°$	$112.3617°$		$137.3267°$	天測暦
グリニッジ時角	H	$80.3171°$	$346.6147°$		$17.7923°$	$H = H_Υ + H_\star$
赤緯	$δ$	$11.8783°$	$-26.4700°$		$74.0867°$	天測暦
■ 推測位置，地方時角						
時間差	t	-0.3436	-0.2369	0	0.1761	21^h との差
推測緯度	$φ$	$31.9062°$	$31.9353°$	$32.0°$	$32.0481°$	
推測経度	$λ$	$-14.9225°$	$-14.9466°$	$-15.0°$	$-15.0397°$	
地方時角	h	$65.3946°$	$331.6681°$		$2.7526°$	$h = H + λ$
■ 方位，高度，修正差						
方位	A	$267.3864°$	$151.8828°$		$358.8738°$	
計算高度	a_c	$27.0444°$	$25.6522°$		$47.9385°$	
修正差	i	$0.0231°$	$0.3058°$		$-0.4001°$	
修正差	i	$1.385'$	$18.347'$		$-24.005'$	

結果を判定する。式（5.8）〜 式（5.10）から，

A	1.7796		$φ_F$	$+31.6196°$
B	-0.3898		$λ_F$	$-15.0187°$
C	1.2204		d	22.85 $> 20'$ → 再計算
D	-0.6708			
E	0.1289			
G	2.0199			

（3）2回目の計算を実施し，船位を求める。

		Regulus	Antares	Kochab			
推測緯度	$φ$	$31.5258°$	$31.5549°$	$31.6677°$	A	1.7778	
推測経度	$λ$	$-14.9415°$	$-14.9655°$	$-15.0582°$	B	-0.3937	
地方時角	h	$65.3755°$	$331.6492°$	$2.7341°$	C	1.2222	
方位	A	$267.5701°$	$151.7791°$	$358.8895°$	D	-0.0003	
測高度	a_o	$27.0675°$	$25.9580°$	$47.5384°$	E	-0.0002	
計算高度	a_c	$27.0773°$	$25.9800°$	$47.5585°$	G	2.0178	
修正差	i	$-0.0098°$	$-0.0220°$	$-0.0201°$	$φ_F$	$+31.6194°$	31°37.2′N
修正差	i	$-0.589'$	$-1.317'$	$-1.205'$	$λ_F$	$-15.0190°$	15°01.1′W
					d	0.02	$< 20'$

［参考］計算結果を作図で示す（図 5.18）。

第 1 回目の計算は推測位置を $D_1(32°00.0'N, 15°00.0'W)$ として計算し，船位 $F_1(31°37.2'N, 15°01.1'W)$ を得た。F_1 は D_1 から $20'$ 以上離れた位置にあるので，再計算する必要がある。

第 2 回目の計算は第 1 回目の計算で求めた船位を推測位置 $D_2(31°37.2'N, 15°01.1'W)$ とし，船位 $F_2(31°37.2'N, 15°01.1'W)$ を得た。F_2 は D_2 から $20'$ 以内にあるので，これを観測時の船位とする。

また，この例では 21^h00^m の船位を求めている。前述のとおり，船位を求める時刻は任意に設定することができる。

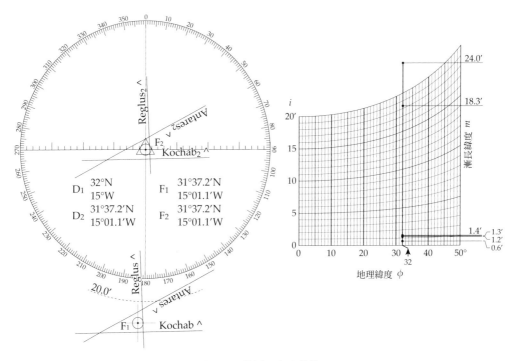

図 5.18　作図による船位

5.4　コンパス方位の検証

　天文航海では船位を求めるばかりでなく，天体
の方位によるコンパス方位の検証も行う必要があ
る。コンパス方位の検証には時辰方位角法，出没
方位角法，北極星方位角法がある。

　これらの方法によって推測位置における計算方
位 A_c を求め，実測方位 A_o と比較することによっ
てコンパス誤差 e を求める。六分儀器差と同様に，
方位更正値をコンパス誤差とする。なお，方位の
測定精度を考慮すると 0.1° まで計算すれば十分で
ある。

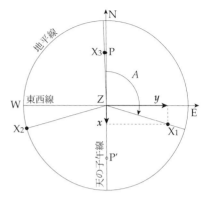

図 5.19　コンパス方位の検証

$$e = A_c - A_o. \qquad (5.11)$$

5.4.1　時辰方位角法

　時辰方位角法は任意の時刻に任意の天体の方位を測定する方法である（図 5.19 X_1）。時間的
および地理的な制約はないが，方位の測定精度を考慮すると，天体の方位の変化が大きい時機
（正中時頃）を避けたほうがよい。

　方位測定時の時角を h とすると，計算方位 A_c は式（3.3）から，

$$\tan A_c = \frac{-\cos\delta\sin h}{\cos\phi\sin\delta - \sin\phi\cos\delta\cos h}. \qquad (3.3)$$

A_c の符号は式（3.4），または式（3.5）にて決定する。

【例】　推測緯度 23°55′N において，太陽の方位をジャイロコンパスで A_o = 124.0° に測定し
　　　た。ジャイロコンパスの方位誤差を求めよ。ただし，太陽の赤緯を 8°47.4′S，地方時角
　　　を 317°37.4′ とする（[43] P.270 例）。

【解】　式（3.3）から計算方位 A_c を求め，実測方位と比較し方位誤差を求める。

x	−0.435 661	
y	0.666 085	
$\tan A_c$	−1.528 906	
A_c	123.2°	$\because x < 0$
A_o	124.0°	
e	−0.8°	

5.4.2　出没方位角法

　出没方位角法は真日出没時の太陽の方位を測定する方法である（図 5.19 X_2）。この方法では，真日出没高度を特定するのに地平線が見える必要がある。

　高緯度では太陽の高度変化が緩やかなため真日出没時を判定しにくい場合がある（図 5.20）。

　出没方位角法では，時角として半日周弧を使用する。

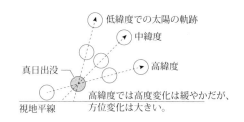

図 5.20　真日出没の特定

$$\cos h_s = -\tan\phi\tan\delta. \tag{3.19}$$

　式（3.3）から，計算方位を得る。ただし，日出のとき $-h_s$，日没のとき $+h_s$ とする。

$$\tan A_c = \frac{-\cos\delta\sin(\mp h_s)}{\cos\phi\sin\delta - \sin\phi\cos\delta\cos(\mp h_s)}. \tag{3.3}$$

A_c の符号は式（3.4），または式（3.5）にて決定する。

【例】　2015 年 10 月 15 日，推測位置（32°45′N, 138°30′E）において，日出方位をジャイロコンパスで $A_o = 101.0°$ に測定した（四級 2012 年 10 月を改）。

（1）真日出時を地方平時で求めよ。

（2）日出方位を求め，ジャイロコンパスの方位誤差を求めよ。

【解】　次のとおり。

$t_\odot$	10/15	$12^h00^m00^s$		x	$-0.171\,277$		
λ		$9^h14^m00^s$		y	$0.985\,223$		
$T_\odot$	10/15	$2^h46^m00^s$		$\tan A_c$	$-5.752\,200$		
h_s		$5^h38^m26^s$		A_c	$99.9°$	$\therefore\ x<0$	
$T_\odot$	10/14	$21^h07^m34^s$		A_o	$101.0°$		
ϵ		14^m01^s		e	$-1.1°$		
$T_\odot, \delta$	10/14	$20^h53^m33^s$	$-8°16.2$				
λ		$9^h14^m00^s$					
$t_\odot$	10/15	$6^h07^m33^s$					

　なお，半日周弧 h_s を求める際，最初日出時刻がわからないので，10 月 15 日 0^h U の値を使用する。

$$\cos h_s = -\tan 32°45′\tan(-8°18.8′) = 0.093\,989.$$
$$\therefore\ h_s = 84.606\,9° = 5^h38^m26^s.$$

5.4.3 北極星方位角法

北極星方位角法は北極星の方位を測定する方法である（図 5.19 X$_3$）。この方法は北極星が出現していればいつでも実施できるが，北極星を見ることのできる海域（ほぼ 20°N 以北）に限定される。北極星の方位変化は極めて小さいため，方位測定時機を考慮する必要はない。

北極星は天の北極の近傍にあるため，式（3.3）を簡略化することができる。

北極星の極距 p（$= 90° - \delta$）は微小であるから，

$$\cos \delta = \sin p = p,$$
$$\sin \delta = \cos p = 1.$$

また，北極星は天の北極の近傍にあり A は微小であるから，

$$\tan A = A.$$

測定時の時角を h とすると，計算方位は式（3.3）から，

$$A_c = \frac{-\sin h \cdot p}{\cos \phi - \sin \phi \cos h \cdot p}.$$

A_c を p の関数と考え，展開すると，

$$A_c = -\frac{\sin h \cdot p}{\cos \phi}. \tag{5.12}$$

【例】 2000 年 4 月 30 日 0^h U，推測位置（46°N, 43°E）において，北極星の方位をジャイロコンパスで $A_o = 0.0°$ に測定した。ジャイロコンパスの方位誤差を求めよ。
　　　ただし，$E_\star = 12^h02^m32^s$，$\delta = 89°15.8'$N である（[49] P.467 例題を改）。

【解】 方位の精度を考慮すると，時角 h は分（^{m}）単位まで求めれば十分である。

U	4/30	0^{h}00^m		p	0.012857	44.2′
$E_\star, \delta$		12^{h}03^m	+89°15.8′	$\sin h$	−0.692143	
$\Delta E_\star$		0^m		$\cos \phi$	0.694658	
H		12^{h}03^m		A_c	0.7°	
λ		+2^{h}52^m		A_o	0.0°	
h		14^{h}55^m		e	0.7°	
h		223.8°				

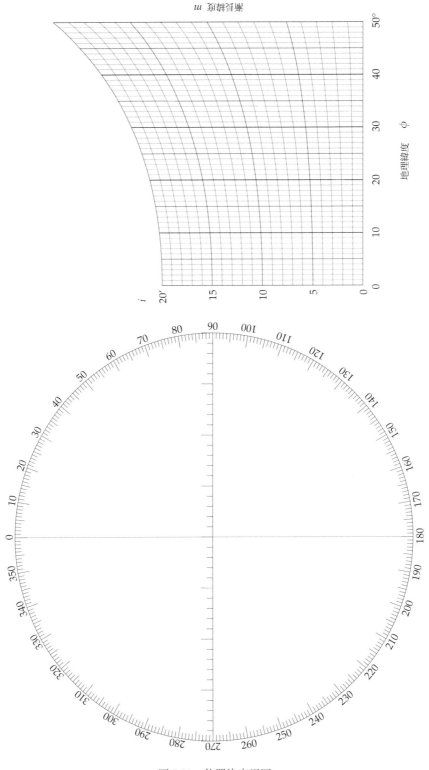

図 5.21　位置決定用図

第 6 章

船位の誤差

6.1 誤差の種類

対象物をどんなに精密に測定しても正しい値を求めるのは困難で，測定値には何らかの「不確かさ」が含まれる。対象物の真値（true value: t）と測定値（measured value: m）の差を誤差（error: e）という。

$$e = m - t. \tag{6.1}$$

誤差には**系統誤差**，**偶然誤差**，および**過失誤差**があり，測定にはこれらが複合して現れる。理想的な測定とは，正確度および精度が高く過失誤差が発生しないことである（図 6.1，図 6.2）。

- 系統誤差が小さい（正確度が高い）と測定値は真値に近づく。
- 偶然誤差が小さい（精度が高い）と測定値のばらつきが小さく誤差曲線は尖った形となる。
- 過失誤差による誤差の大きさは不定で，発生確率は測定値に関わらず一定と考えられる。

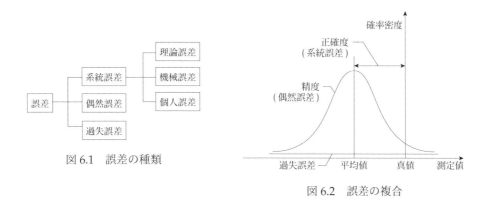

図 6.1　誤差の種類

図 6.2　誤差の複合

6.1.1　系統誤差

　系統誤差（systematic error）とはある一定時間ほぼ一定である誤差をいい，理論誤差，機械誤差，個人誤差に分類される。系統誤差の尺度を**正確度**（accuracy）という。正確度が高いとは，系統誤差が小さく，測定値が真値に近いことを表す。

理論誤差　　理論として明確に確立されていないために起こる誤差をいう。例えば，天文気差を求める理論式として，式（4.13）や式（4.28）があり，どちらが正しいとはいえない。また，大気変化するため，測高度修正理論で想定する状態と現状がかけ離れている場合には大きな誤差を含む可能性がある。

機械誤差　　機械や装置が持っている誤差で，六分儀器差，ジャイロ誤差，ジャイロコンパスレピータの設置誤差（lubber's line と船首尾線の不一致），曲がったシャドーピンでの測定等が挙げられる。測定値から機械誤差を推定することはできないので，事前に機械誤差を除去するか最小にしておく必要がある。

個人誤差　　個人の測定の癖に起因するもので，例えば，天体の高度測定において深く，または浅く測定する癖がある場合などの誤差をいう。

　原因と傾向がわかっている系統誤差は測定値から取り除くことはできるが，特定できないものもあり，ある程度の系統誤差が残ることは止むを得ない。残存する系統誤差をできる限り小さくした上で，その上限値を正確に把握していることが大切である。

【例】　観測者 A はある物標の高さを六分儀で測定し，測定順に次の値を得た。
　　　A　　$9°59.6'$, $9°59.8'$, $10°00.0'$, $10°00.2'$, $10°00.4'$.

【解釈】　測定値は時間と共に増大しており，今後も測定値が増大し，現状では最も確からしい値は含まれていない可能性がある。大気の状態が時間と共に変化しているなどが考えられる。

6.1.2　偶然誤差

　短時間に発生するものを**偶然誤差**（random error）という。偶然誤差の尺度を**精度**（precision）という。精度が良いとは，偶然誤差が小さく，複数の測定値間のばらつきが小さいことをいう。測定器自体で偶然誤差を予測することはできないが，その測定器の精度が推定されれば，測定値に含まれる誤差の平均的な大きさについてある程度予想することができる。

　偶然誤差は予測不可能であり厳密に定義することはできないが，この分布は**正規分布**（normal distribution: ND）にしたがうとされている。正規分布の確率密度関数 $p(x)$ は**平均値**（mean: μ）と**分散**（variance: σ^2）で表すことができる。正規分布は平均値と分散で特徴づけることができるので，これを $N(\mu, \sigma^2)$ と表記することもある。また，分散の平方根 σ を**標準偏差**という。

$$\mu = \frac{1}{n} \sum_{i=1}^{n} x_i, \tag{6.2}$$

$$\sigma^2 = \frac{1}{n} \sum_{i=1}^{n} (x_i - \mu)^2, \tag{6.3}$$

$$p(x) = \frac{1}{\sqrt{2\pi}\,\sigma} \exp\left[-\frac{(x-\mu)^2}{2\sigma^2}\right] \equiv N(\mu, \sigma^2). \tag{6.4}$$

$N(0,1)$ を標準正規分布（standard normal distribution）という。

$$p(x) = \frac{1}{\sqrt{2\pi}} \exp\left[-\frac{x^2}{2}\right] \equiv N(0,1). \tag{6.5}$$

正規分布を $-\infty$ から $+\infty$ まで積分すると，

$$\int_{-\infty}^{+\infty} p(x) = \frac{1}{\sqrt{2\pi}\,\sigma} \exp\left[-\frac{(x-\mu)^2}{2\sigma^2}\right] = 1. \tag{6.6}$$

正規分布 $N(\mu, \sigma^2)$ から無作為に標本 x を取ったとき，

- $|x - \mu| \leq \sigma$ である確率は 68.27%
- $|x - \mu| \leq 2\sigma$ である確率は 95.45%
- $|x - \mu| \leq 3\sigma$ である確率は 99.73%（図 6.3）

　これは，六分儀による高度測定 a_s の標準偏差を $\sigma = 1'$ とすると，20 回の測定のうち 19 回（95.4%）は $|a_s - \mu| \leq 2'$ であり，1 回（4.6%）が $|a_s - \mu| > 2'$ であることを意味している。我々の常識に照らし合わせても，20 回に 1 回というのは極めて起こりにくいといえる。

　分散 σ^2 によって正規分布の形（尖り具合）が変わる。分散が小さければ，ばらつきが小さく精度が良いといえる（図 6.4）。

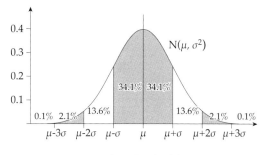

図 6.3　正規分布と標準偏差

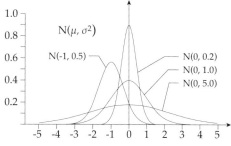

図 6.4　標準偏差による正規分布の変化

以上から，偶然誤差には次のことがいえる。

- 直接測定における最確値は各測定値の相加平均である。
- 小さい誤差は大きい誤差よりも多く現れる。
- 正負の誤差は均等に現れる。
- $\mu \pm 2\sigma$ を超える極端な誤差はほとんど現れない。

【例】 測定者 A，B はある物標の高さを六分儀で測定し，次の値を得た。

A 10°00.0′, 9°59.6′, 10°00.4′, 9°59.8′, 10°00.2′, ($\mu_A = 10°00.0′$, $\sigma_A = 0.005°$),

B 10°02.0′, 9°58.6′, 10°01.4′, 9°58.8′, 9°59.2′, ($\mu_B = 10°00.0′$, $\sigma_B = 0.024°$).

【解釈】 両者の測定から「最も確からしい値」はそれぞれの平均値で，$\mu_A = \mu_B = 10°00.0′$ である。しかし，ばらつきという観点から見ると $\sigma_A < \sigma_B$ であり，A の観測の方が「精度が高い」といえる。

6.1.3 過失誤差

過失誤差（fault）には測定者の過失（blunder），装置の誤動作（malfunction）や故障（failure）などがある。これらの出現やその大きさには系統的な法則はなく，予測は不可能である。一連の測定値や他の測定値を比べることにより過失誤差を発見できる場合があるが，単一の測定では発見は困難である。

過失 数値の読み間違い，表の参照誤り，コンピュータへの入力誤りなどをいう。

誤動作 装置の誤動作を検知することは難しい。特に装置が複雑になれば，その発見は非常に困難である。

【例】 観測者 A はある物標の高さを六分儀で測定し，次の値を得た。

A 10°00.0′, 9°59.6′, 10°10.4′, 9°59.8′, 10°00.2′.

【解釈】 3 番目の測定値（10°10.4′）は他の値からかけ離れており，測定または記録に過失があったと考えられる。このように一連の測定をしていれば過失を発見できる可能性はあるが，単一の測定でそれは難しい。過失の大きさやその発生を予測することはできない。

6.2 位置の線に含まれる誤差

6.2.1 高度誤差

測高度 a_o に含まれる誤差で，六分儀誤差 e から，測高技量，測定誤差，測高度改正に関する誤差が含まれる。これは，修正差誤差 Δi に影響する。

六分儀誤差 六分儀の誤差が高度誤差として直接影響する。残存誤差（器差）を把握しておく必要がある。

測高技量 GPS の使用が一般的になった現代においては，航海士が六分儀を使用する機会が減り，測高技量が若干低下している可能性が考えられる。停泊時，適当な間隔で連続観測し，測定高度のばらつきから精度を考察したり，他の航海士と同時に測定し比較することによって，自分の癖を把握しておく必要がある。

測定誤差 高度測定時，常に理想的な状態とは限らない。天体・地平線の不明瞭による誤差，船体の上下動による眼高の変化等が考えられる。

測高度改正誤差 前述のとおり，複数の測高度改正式がある。これは改正理論が多数存在

していることを表している。また，測高度改正式が常に正しいとは限らない。改正理論における前提と観測点での気象条件が大きく異なる場合は，相応の誤差を考えておく必要がある。観測時，気差の影響を低減できる高度（ほぼ 20° 以上）の天体の利用や，眼高を高くし眼高の変化の影響を小さくするなどの対策が必要になる。

6.2.2　理論誤差

計算高度 a_c を得るときに発生する誤差で，修正差誤差 Δi に影響する。天測暦の誤差，計算式の誤り，プログラムの誤り等が考えられる。既存のプログラムや専用電卓を使用する場合にあっても，自身の過去の天測結果と比較し，その精度を検証しておくことが大切である。

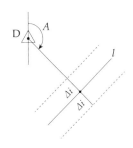

図 6.5　高度および理論誤差

6.2.3　時刻誤差

現代使用しているクロノメーターは非常に精度が高く，1^s 以上の誤差が出ることは稀であろう。

誤差の発生の一要因として考えられるのは読取り誤差である。クロノメーターのアナログ文字盤を利用して測定時刻を読み取るとき，秒針の読み取りに集中するため，分針の読み間違えが発生することがある。また，時計誤差がある場合，その修正符号を誤って修正することなどが考えられる。

時刻誤差は時角の誤差となって現れる。式（3.46）に示すように Δh の単位を時間の秒（^{s}）とすると，高度誤差 Δa は角度の分（$'$）単位で，

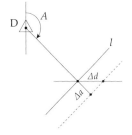

図 6.6　時刻誤差

$$\Delta a = \frac{1}{4} \cos\phi \sin A \Delta h. \tag{3.46}$$

時刻誤差による東西偏位量 Δd は，図 6.6 および式（3.46）から，

$$\Delta d = \frac{\Delta a}{\sin A} = \frac{1}{4} \cos\phi\Delta h. \tag{6.7}$$

つまり，東西変位量は時刻誤差に比例する。

6.2.4　転位誤差

位置の線を転移するとき，航程および針路に誤差があれば，転位誤差が発生する。誤差の原因として，コンパスや測程儀の誤差，海流・潮流の影響，風圧流，保針精度が考えられる。

航程に誤差がある場合（図 6.7），針路と位置の線の交角を θ，航程を d，航程誤差を Δd とすると，位置の線の誤差量 Δi_d は

$$\Delta i_d = \Delta d \sin \theta. \tag{6.8}$$

θ が小さければ（正横方向の位置の線であれば），誤差は小さい。

針路に ΔC 誤差がある場合（図 6.8），位置の線の誤差量 Δi_c は

$$\Delta i_c = d\Delta C \cos \theta. \tag{6.9}$$

θ が直角に近ければ（船首尾方向の位置の線であれば），誤差は小さい。

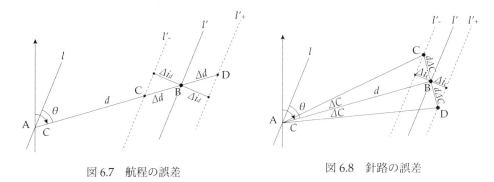

図 6.7　航程の誤差　　　　　　　　　図 6.8　針路の誤差

6.3　船位に含まれる誤差

　船位は複数の位置の線から求めるので，前節で説明した位置の線に含まれる誤差が船位の誤差となって現れる。同時観測は短時間に実施されるため，転移誤差は微小であり考慮する必要はない。

表 6.1　船位に含まれる誤差

誤差	同時観測	隔時観測
高度誤差，理論誤差，時刻誤差	✔	✔
転移誤差	—	✔

6.3.1　同時観測における船位誤差

6.3.1.1　2 天体の場合

　2 本の位置の線 L, M に誤差がない場合，両位置の線の交点として船位 F を求めることができる。しかし，位置の線 L, M にそれぞれ Δl, Δm の最大誤差があるとすれば，両線の作る面内のどこかに正しい船位があることになる（図 6.9）[*1]。

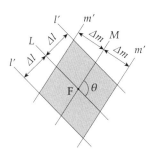

図 6.9　船位誤差

[*1] $\Delta l = 3\sigma$, および $\Delta m = 3\sigma$ とすると，船位の 99.73% はこの面内にある。

位置の線 l, m の交角を θ とすると，その面積 S は

$$S = \frac{\Delta l\, \Delta m}{\sin\theta}. \tag{6.10}$$

船位の精度は面積 S に反比例すると考えることができるから，誤差量 Δl, Δm が小さいほど，位置の線の交角 θ が 90° に近いほど，精度は向上する。

6.3.1.2 3天体の場合

3 本の位置の線に誤差がある場合，誤差三角形（cocked hat）ができる。

(1) 位置の線に同量の誤差がある場合

天体方位が 180°以上の場合　図 6.10 において，誤差を含まない位置の線を L, M, N，それらの交点（真位置）を F とする。L, M, N それぞれに同量の誤差 Δi を加えた位置の線 l, m, n は誤差三角形 $\triangle ABC$ を作る。したがって，正しい船位 F は $\triangle ABC$ の内心になる。

天体方位が 180°以下の場合　図 6.11 において，同じく誤差を含まない位置の線を L, M, N，それらの交点（真位置）を F とする。それらに同量の誤差 Δi を加えると，$\triangle ABC$ を作る。したがって，正しい船位 F は傍心（傍接円の中心）になる。

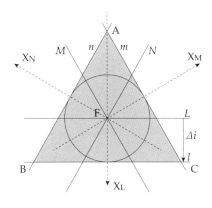 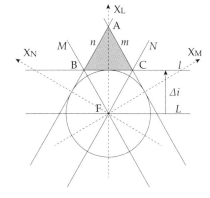

図 6.10　同量の誤差による誤差三角形　　　　図 6.11　同量の誤差による誤差三角形
　　　　（天体方位が 180°以上）　　　　　　　　　　　（天体方位が 180°以下）

(2) 位置の線に偶然の誤差がある場合

位置の線に偶然誤差が含まれると考えられる場合，点 F から誤差三角形へ下ろした垂線の足の長さの比 x, y, z が，それぞれに対する 3 辺の長さ l, m, n の比に等しい点を船位とする。この条件を満たす点は誤差三角形内に 1 点，外に 3 点存在する。

$$\frac{x}{l} = \frac{y}{m} = \frac{z}{n}. \tag{6.11}$$

図 6.12 に辺の比による船位 F と内心 F′ を示す。誤差三角形が正三角形となる場合，F と F′ は一致する。

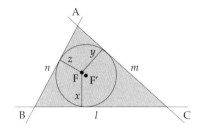

図 6.12　誤差三角形と船位

6.3.1.3　4 天体の場合

　位置の線が同量の誤差を含んでいると考えられるときには，2 天体の場合に帰着させ，船位を求める。図 6.13 に示すように，相反する方位の天体の位置の線 l, m から中間線 g を得，同様に，n, o から中間線 h を得る。両中間線は誤差の消去された位置の線と考えられるから，中間線 g, h の交点を船位 F とする。

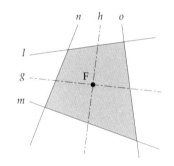

図 6.13　位置の線（4 本）と船位

6.3.2　隔時観測における船位誤差

　隔時観測では，船位は観測間の海流や風圧による針路および航程誤差の影響を受ける。次例において，誤差の影響を考慮し，正しい船位を得る方法を考察する。

【例】　流向・流速一定の海流がある海域において，06^{h} に星測による船位 F_{06} を得た後，08^{h}，$10^{\mathrm{h}}, 12^{\mathrm{h}}$ に太陽を観測し，位置の線 l, m, n を得た。12^{h} の船位を作図から求めよ。なお，船位 F_{06}，および位置の線 l, m, n には誤差がないものとする（図 6.14）。

【解】　解答例を示す（図 6.15）。

　　(1)　位置の線 l は推測位置 D_{08} を通らない。これは，船位 F_{06} に誤差があったか，海流等の影響があることを疑わなければならない。この例では F_{06} には誤差がないと仮定したので，位置の線 l には海流の影響が含まれる。

　　(2)　l を $10^{\mathrm{h}}, 12^{\mathrm{h}}$ に転移したものを l', l''，m を 12^{h} に転移したものを m' とする。この海域に海流があるので，転移線 l', l'', m' には海流の影響が含まれる。

(3) l'', m' の交点を A，m', n の交点を B，l'', n の交点を C とする。12^{h} の船位を考える上で考慮すべき点や領域として，A, B, C, $\triangle$ABC ができた。

(4) F_{06} と n から，北南方向の海流を考察する。n に平行で F_{06} を通る線 n_{06} を描き，n と n_{06} の間を 3 等分する n_{08}, n_{10} を描く。n_{08}, n_{10}, n は海流の南北成分を含んだ位置の線と考えることができる。

(5) l と n_{08} の交点を P_{08}，m と n_{10} の交点を P_{10} とすると，これらは 08^{h}, 10^{h} の船位を表していると考えられる。

(6) したがって，F_{06}, P_{08}, P_{10} を結んだ線は対地針路を表しており，この延長線が n と交差する点 P_{12} が 12^{h} の船位と考えられる。

(7) $D_{12}P_{12}$ は $06^{\mathrm{h}} \sim 12^{\mathrm{h}}$ の海流と考えられる。

(8) 結果として，P_{12} は交点 A, B, C でもなく，$\triangle$ABC 内にもなかったことになる。

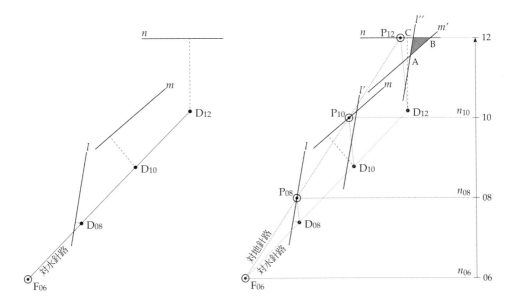

図 6.14　海流のある海域での隔時観測　　図 6.15　海流のある海域での船位決定

船位の決定にあたっては，次のことを考慮する。

位置の線について

- 正中時頃，高度変化はほとんどなくなるので（P.73【例】参照），他のときに比べ測定高度の精度は良いと考えられる。
- 一般に，同時観測は短時間に実施されるため，外力の影響は非常に小さなものになる。したがって，3 天体以上の位置の線がほぼ 1 点で交差すれば，位置の線も船位も精度が良いと考えられる。
- 位置の線が推測位置を通らないということは，位置の線が正しいとすると，海流等の外力があることを示している。ただし，位置の線が推測位置を通れば，外力の影響がないとはいえない。位置の線の方向と流向が一致していれば（方位線が流向と直交し

ていれば）, 位置の線は推測位置を通るからである。

転移線について

- 転移線には外力の影響が多少なりとも含まれている。

- 経過時間が少ない転移線の方が外力の影響は少ない。しかし, この例では対水針路と流向の関係により, 交点 B は交点 C よりも真位置 P_{12} から離れた結果となった。したがって, 海流など外力のある海域では, 経過時間が少ない転移線を利用した方がよいとは一概にはいえない。

船位決定について

- 隔時観測においては, 単に位置の線と転移線の交点や誤差三角形内に船位を決定してはならない。

- 前述のとおり, 正中時の位置の線は精度が高いと考えられる。したがって, 船位は n 上にあると考え, B または C に決定するのはまだしも, 誤差三角形 $\triangle ABC$ に船位を決定するのは理にかなっているとはいい難い。

- 星測による船位情報, および他の位置の線情報から外力の影響を解析し, 船位を決定する必要がある。

第 7 章

補足

7.1 楕円の方程式

■ 楕円の方程式

式（1.9）を導く。楕円の定義から，

$$\sqrt{(x+c)^2 + y^2} + \sqrt{(x-c)^2 + y^2} = 2a.$$

左辺第 2 項を右辺に移行して，両辺を 2 乗すると，

$$(x+c)^2 + y^2 = 4a^2 - 4a\sqrt{(x-c)^2 + y^2} + (x-c)^2 + y^2,$$

$$a\sqrt{(x-c)^2 + y^2} = a^2 - cx.$$

再度，両辺を 2 乗して，

$$(a^2 - c^2)x^2 + a^2 y^2 = a^2(a^2 - c^2).$$

$a^2 - c^2 = b^2$ と置き，両辺を $a^2 b^2 (\neq 0)$ で割り，楕円の方程式を得る。

$$\frac{x^2}{a^2} + \frac{y^2}{b^2} = 1. \tag{1.9}$$

■ 楕円の極座標表示

図 7.1 において，焦点 FF′ 間の距離を $2c$ とする。△FPF′ において，余弦定理を利用して，

$$r'^2 = r^2 + 4c^2 + 4cr\cos\theta.$$

楕円の定義 $r' = 2a - r$ を上式に代入し，

$$r = \frac{a^2 - c^2}{a + c\cos\theta} = \frac{l}{1 + e\cos\theta}.$$

ここで，e は離心率，l は半直弦（$\theta = \pi/2$ のときの r の長さ）を表す。

$$l = \frac{a^2 - c^2}{a} = a - ec.$$

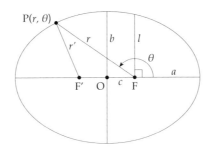

図 7.1 楕円の極座標表示

7.2 離心率

円錐曲線は点 P と焦点 F との距離 PF と，点 P と準線 y との距離 PH の比が一定としたときの点 P の軌跡としても定義できる（図 7.2）。

$$\frac{\mathrm{PF}}{\mathrm{PH}} = \frac{e}{1} = \frac{\sqrt{(x - f)^2 + y^2}}{x}. \tag{7.1}$$

PH と PF の比 e を離心率という。点 P の描く軌跡は離心率によって，次のとおり分類される。

$$\begin{cases} e = 0, & \text{円}, \\ 0 < e < 1, & \text{楕円}, \\ e = 1, & \text{放物線}, \\ e > 1, & \text{双曲線}. \end{cases} \tag{7.2}$$

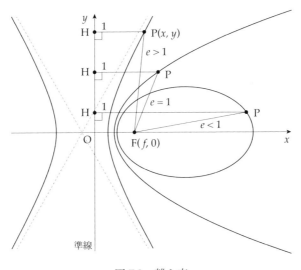

図 7.2 離心率

7.3 地心緯度と測地緯度

■ 地心緯度と測地緯度の関係

図 7.3 において，∠AOP を地点 P の地心緯度 ψ，∠ARP を測地（地理）緯度 ϕ という。

点 P(x, y) における接線 h と長軸 x の交角は $90° + \phi$ である。したがって，接線 h の傾き m は

$$m = \tan(90° + \phi) = -\frac{1}{\tan\phi}.$$

楕円の方程式（1.9）を x で微分して，点 P における接線 h の傾き m を求める。

$$m = \frac{\mathrm{d}y}{\mathrm{d}x} = -\frac{b^2}{a^2}\frac{x}{y} = -\frac{b^2}{a^2}\frac{1}{\tan\psi}.$$

前 2 式から，両緯度の関係は

$$\tan\psi = \frac{b^2}{a^2}\tan\phi = (1 - e^2)\tan\phi. \tag{1.14}$$

次に，ψ と ϕ の差を求める。式（1.14）から，

$$\tan(\phi - \psi) = \frac{\tan\phi - \tan\psi}{1 + \tan\phi\tan\psi} = \frac{e^2\tan\phi}{1 + (1 - e^2)\tan^2\phi}. \tag{1.15}$$

右辺の分母・分子に $\cos^2\phi$ をかけて，

$$\tan(\phi - \psi) = \frac{1}{2}\frac{e^2\sin 2\phi}{1 - e^2\sin^2\phi}.$$

$\phi - \psi$，および $e^2\sin^2\phi$ は微小であるから，

$$\phi - \psi = \frac{1}{2}e^2\sin 2\phi.$$

上式から，緯度差は $\phi = 45°$ で最大となる。

$$\phi - \psi = \frac{e^2}{2} = 3.3347 \times 10^{-3} = 11.5'.$$

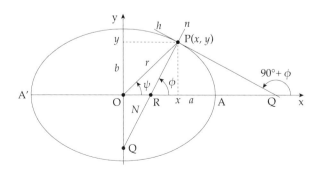

図 7.3　地心緯度と測地緯度

■ 地心距離 r

楕円の方程式（1.9）に，$x = r\cos\psi$, $y = r\sin\psi$ を代入して，

$$\frac{\cos^2\psi}{a^2} + \frac{\sin^2\psi}{b^2} = \frac{1}{r^2},$$

$$\therefore r = \frac{b}{\sqrt{1 - e^2\cos^2\psi}}. \tag{1.16}$$

■ 卯酉線曲率距離 N

N と r の関係は，

$$N\cos\phi = r\cos\psi.$$

これに，r を代入して，

$$N = \frac{b\cos\psi}{\sqrt{1 - e^2\cos^2\psi}\cdot\cos\phi} = \frac{b}{\sqrt{\dfrac{1}{\cos^2\psi} - e^2}\cdot\cos\phi}.$$

ここで，式（1.14）から，

$$\frac{1}{\cos^2\psi} = \tan^2\psi + 1 = (1 - e^2)^2\tan^2\phi + 1.$$

ゆえに，

$$N = \frac{b}{\sqrt{(1 - e^2)^2\tan^2\phi + 1 - e^2}\cdot\cos\phi}$$

$$= \frac{a}{\sqrt{1 - e^2\sin^2\phi}}. \tag{1.17}$$

7.4 球面三角形

球面上の異なる 3 つの大円によって球面上に作られる三角形を球面三角形という。異なる 2 大円は 2 点で交わり，その交角を点の角度とする。また，点と点の間を辺とし，辺の長さは球の中心角によって表される。

球面三角形の 3 つの角を A, B, C とすると，内角（劣角）の和は $180° < A + B + C < 540°$ である。

球面三角形は平面三角法と同様に，6 要素（図 7.4 A, B, C, a, b, c）のうち，3 つの要素がわかれば残りの 3 つの要素を求めることができる。

$$\frac{\sin a}{\sin A} = \frac{\sin b}{\sin B} = \frac{\sin c}{\sin C}, \tag{7.3}$$

$$\cos a = \cos b\cos c + \sin b\sin c\cos A, \tag{7.4}$$

$$\sin a\cos B = \cos b\sin c - \sin b\cos c\cos A. \tag{7.5}$$

式（7.3）を正弦定理，式（7.4）を余弦定理，式（7.5）を正弦余弦定理という。

球面三角形を航海に利用したものを航海球面三角形という。航海球面三角形 ZPX において，点 Z を天頂，点 P を天の北極，点 X を天体とすると，辺 ZP は余緯度 $90° - \phi$，辺 PX は極距 $90° - \delta$，辺 XZ は頂距 $90° - a$ である（図 7.5）。

球面三角形の公式（7.3）〜（7.5）を航海球面三角形にあてはめると次式を得ることができる。これらは式（3.1）と同等である。

$$\cos a \sin A = -\cos \delta \sin h, \tag{7.6}$$

$$\sin a = \sin \phi \sin \delta + \cos \phi \cos \delta \cos h, \tag{7.7}$$

$$\cos a \cos A = \cos \phi \sin \delta - \sin \phi \cos \delta \cos h. \tag{7.8}$$

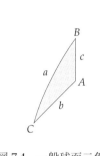

図 7.4　一般球面三角形

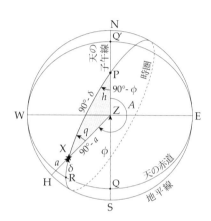

図 7.5　航海球面三角形

7.5　行列

本書で扱う行列はごく初歩的なものだけである。

次に示す連立一次方程式は，行列とベクトルを用いて表現することができる。

$$\begin{cases} a_{11}x_1 + a_{12}x_2 + a_{13}x_3 = b_1 \\ a_{21}x_1 + a_{22}x_2 + a_{23}x_3 = b_2 \\ a_{31}x_1 + a_{32}x_2 + a_{33}x_3 = b_3 \end{cases} \equiv \begin{pmatrix} a_{11} & a_{12} & a_{13} \\ a_{21} & a_{22} & a_{23} \\ a_{31} & a_{32} & a_{33} \end{pmatrix} \begin{pmatrix} x_1 \\ x_2 \\ x_3 \end{pmatrix} = \begin{pmatrix} b_1 \\ b_2 \\ b_3 \end{pmatrix}$$

また，係数行列を A，変数ベクトルを $\boldsymbol{x}$，定数ベクトルを $\boldsymbol{b}$ とすると，次のとおり表現できる。

$$A\boldsymbol{x} = \boldsymbol{b}.$$

変数ベクトル $\boldsymbol{x}$ を求めるには，両辺に**逆行列** A^{-1} という行列を掛ける。

$$\boldsymbol{x} = A^{-1}\boldsymbol{b}.$$

　逆行列 A^{-1} とは，元になる行列 A に掛けると単位行列 E になる行列をいい，**単位行列 E と
は**，対角要素が 1 で，その他の要素は 0 の行列をいう．一般に，逆行列を求めるには多くの計
算を必要とする．

$$A^{-1}A = AA^{-1} = E = \begin{pmatrix} 1 & 0 & 0 \\ 0 & 1 & 0 \\ 0 & 0 & 1 \end{pmatrix}. \tag{7.9}$$

7.6　方向余弦

　単位球の中心を原点とする直交座標 $\mathrm{O}-xyz$ において，単位球上の点 $\mathrm{P}(x, y, z)$ を通る有向直
線を g とする（図 7.6）．g が x 軸と成す角を a，y 軸と成す角を b，z 軸と成す角を c とし，それ
ぞれの余弦の組を**方向余弦**（direction cosine）という．これは点 P の座標値 (x, y, z) でもある．

$$\begin{pmatrix} \cos a \\ \cos b \\ \cos c \end{pmatrix} = \begin{pmatrix} x \\ y \\ z \end{pmatrix} \tag{7.10}$$

　また，xz 平面と点 P を通る大円が成す角 $\angle x\mathrm{OH}$ を α，xy 平面と直線 OP が成す角 $\angle \mathrm{HOP}$ を
σ とすると，式（7.10）は

$$\begin{pmatrix} x \\ y \\ z \end{pmatrix} = \begin{pmatrix} \cos a \\ \cos b \\ \cos c \end{pmatrix} = \begin{pmatrix} \cos \delta \cos \alpha \\ \cos \delta \sin \alpha \\ \sin \delta \end{pmatrix}. \tag{7.11}$$

　方向余弦には次の関係が成り立つ．これは単位球の方程式でもある．

$$x^2 + y^2 + z^2 = (\cos \beta \cos \alpha)^2 + (\cos \beta \sin \alpha)^2 + \sin \beta^2 = 1. \tag{7.12}$$

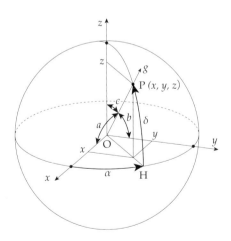

図 7.6　点 P の方向余弦

7.7　座標の回転

　座標 O–xyz の x 軸を正の方向から見て反時計回り（y 軸を z 軸に向ける方向）に θ 回転させた座標を O–$xy'z'$ とする。点 P が座標 O–xyz にあるときの座標値 (x, y, z) は，座標 O–$xy'z'$ では (x, y', z') になる。x 軸を中心とした回転なので，x は変化しない（図 7.7，図 7.8）。

　x 軸回転は次の行列で表すことができる。

$$\begin{pmatrix} x \\ y' \\ z' \end{pmatrix} = \begin{pmatrix} 1 & 0 & 0 \\ 0 & \cos\theta & \sin\theta \\ 0 & -\sin\theta & \cos\theta \end{pmatrix} \begin{pmatrix} x \\ y \\ z \end{pmatrix}. \tag{7.13}$$

　同様に，y 軸回転および z 軸回転も次の行列で表すことができる。

$$\begin{pmatrix} x' \\ y \\ z' \end{pmatrix} = \begin{pmatrix} \cos\theta & 0 & -\sin\theta \\ 0 & 1 & 0 \\ \sin\theta & 0 & \cos\theta \end{pmatrix} \begin{pmatrix} x \\ y \\ z \end{pmatrix}, \tag{7.14}$$

$$\begin{pmatrix} x' \\ y' \\ z \end{pmatrix} = \begin{pmatrix} \cos\theta & \sin\theta & 0 \\ -\sin\theta & \cos\theta & 0 \\ 0 & 0 & 1 \end{pmatrix} \begin{pmatrix} x \\ y \\ z \end{pmatrix}. \tag{7.15}$$

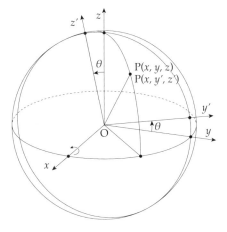

図 7.7　x 軸回転

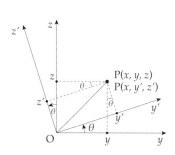

図 7.8　x 軸回転（平面図）

　座標 O–$xy'z'$ における座標値 (x, y', z') から，座標 O–xyz における座標値 (x, y, z) を得るには，x 軸を逆回転することにより求める。逆回転行列を求めるには，式（7.13）の x 軸回転行列に $-\theta$ を代入して，

$$\begin{pmatrix} 1 & 0 & 0 \\ 0 & \cos(-\theta) & \sin(-\theta) \\ 0 & -\sin(-\theta) & \cos(-\theta) \end{pmatrix} = \begin{pmatrix} 1 & 0 & 0 \\ 0 & \cos\theta & -\sin\theta \\ 0 & \sin\theta & \cos\theta \end{pmatrix}.$$

　この行列を検証するために，元の回転行列にかけ，その結果が単位行列 E になれば逆回転したことになる。

$$\begin{pmatrix} 1 & 0 & 0 \\ 0 & \cos\theta & -\sin\theta \\ 0 & \sin\theta & \cos\theta \end{pmatrix} \begin{pmatrix} 1 & 0 & 0 \\ 0 & \cos\theta & \sin\theta \\ 0 & -\sin\theta & \cos\theta \end{pmatrix}$$

$$= \begin{pmatrix} 1 & 0 & 0 \\ 0 & \cos^2\theta + \sin^2\theta & \cos\theta\sin\theta - \sin\theta\cos\theta \\ 0 & \cos\theta\sin\theta - \sin\theta\cos\theta & \cos^2\theta\sin\theta \end{pmatrix}$$

$$= \begin{pmatrix} 1 & 0 & 0 \\ 0 & 1 & 0 \\ 0 & 0 & 1 \end{pmatrix}$$

$$= E.$$

この結果から，逆回転行列は正しいことが証明された。よって，

$$\begin{pmatrix} x \\ y \\ z \end{pmatrix} = \begin{pmatrix} 1 & 0 & 0 \\ 0 & \cos\theta & -\sin\theta \\ 0 & \sin\theta & \cos\theta \end{pmatrix} \begin{pmatrix} x \\ y' \\ z' \end{pmatrix}. \tag{7.16}$$

また，両行列は式（7.9）を満たすので，逆回転行列は元の回転行列の逆行列であることがわかる。

$$\begin{pmatrix} 1 & 0 & 0 \\ 0 & \cos\theta & \sin\theta \\ 0 & -\sin\theta & \cos\theta \end{pmatrix}^{-1} = \begin{pmatrix} 1 & 0 & 0 \\ 0 & \cos\theta & -\sin\theta \\ 0 & \sin\theta & \cos\theta \end{pmatrix}$$

7.8　座標の回転と鏡映による高度方位式の算出

地球は天球という巨大な球の中で定速で回転している。したがって，地球の傾き量と回転量がわかれば，天体の位置を特定することができる。傾き量は緯度 ϕ で，回転量は恒星時 θ である。

回転および鏡映変換を用いて，赤道座標 O – XYZ（右手系）を地平座標 O – xyz（左手系）に一致させることによって，天体の高度 a と方位 A を得ることができる。また逆に，地平座標を赤道座標に一致させることによって，天体の赤緯 δ と赤経 α を得ることができる。後者は不明の天体を観測した場合，天体の赤緯および赤経から天体を特定するために使用できる。

$$\begin{pmatrix} \delta \\ \alpha \end{pmatrix} \rightleftharpoons \begin{pmatrix} X \\ Y \\ Z \end{pmatrix} \rightleftharpoons 座標の回転・鏡映 \rightleftharpoons \begin{pmatrix} x \\ y \\ z \end{pmatrix} \rightleftharpoons \begin{pmatrix} a \\ A \end{pmatrix}. \tag{7.17}$$

■ 赤道座標から地平座標への変換

赤道座標 O – XYZ から地平座標 O – xyz へ変換する（式（7.17）の右向き変換）。なお，以下に示す変換はその順序どおりに実行する必要がある。

1. $(\delta, \alpha) \rightarrow (X, Y, Z)$ 変換。

$$\begin{pmatrix} X \\ Y \\ Z \end{pmatrix} = \begin{pmatrix} \cos\delta\cos\alpha \\ \cos\delta\sin\alpha \\ \sin\delta \end{pmatrix}. \tag{1.18}$$

2. $(X, Y, Z) \rightarrow (x, y, z)$ 変換。

（ⅰ）赤道座標 $O - XYZ$ の Z 軸の正の方向から見て反時計回りに θ 回転し，X 軸を天の子午線上に移動させ，Y 軸を y 軸に一致させる。新たにできた座標を $O - X'Y'Z$ とする。ここで，式（1.20）から，$\theta - \alpha = h$ である（図 7.9）。

$$\begin{pmatrix} X' \\ Y' \\ Z \end{pmatrix} = \begin{pmatrix} \cos\theta & \sin\theta & 0 \\ -\sin\theta & \cos\theta & 0 \\ 0 & 0 & 1 \end{pmatrix}\begin{pmatrix} X \\ Y \\ Z \end{pmatrix} = \begin{pmatrix} \cos\delta\cos(\theta-\alpha) \\ \cos\delta\sin(\theta-\alpha) \\ \sin\delta \end{pmatrix} = \begin{pmatrix} \cos\delta\cos h \\ -\cos\delta\sin h \\ \sin\delta \end{pmatrix}. \tag{7.18}$$

（ⅱ）座標 $O - X'Y'Z$ の Y' 軸の正の方向から見て反時計回りに $90° - \phi$ 回転し，X' 軸を x 軸に，Z を z に一致させる。新たにできた座標を $O - X''Y'Z'$ とする（図 7.10）。

$$\begin{pmatrix} X'' \\ Y' \\ Z' \end{pmatrix} = \begin{pmatrix} \sin\phi & 0 & -\cos\phi \\ 0 & 1 & 0 \\ \cos\phi & 0 & \sin\phi \end{pmatrix}\begin{pmatrix} X' \\ Y' \\ Z \end{pmatrix} = \begin{pmatrix} \sin\phi\cos\delta\cos h - \cos\phi\sin\delta \\ -\cos\delta\sin h \\ \cos\phi\cos\delta\cos h + \sin\phi\sin\delta \end{pmatrix}. \tag{7.19}$$

（ⅲ）平面 $Y'OZ'$ を鏡面として鏡映変換し，X'' を x に一致させる。これにより，新たにできた座標 $O - X'''Y'Z'$ は $O - xyz$ と一致する（図 7.11）。

$$\begin{pmatrix} x \\ y \\ z \end{pmatrix} = \begin{pmatrix} X''' \\ Y' \\ Z' \end{pmatrix} = \begin{pmatrix} -1 & 0 & 0 \\ 0 & 1 & 0 \\ 0 & 0 & 1 \end{pmatrix}\begin{pmatrix} X'' \\ Y' \\ Z' \end{pmatrix} = \begin{pmatrix} -\sin\phi\cos\delta\cos h + \cos\phi\sin\delta \\ -\cos\delta\sin h \\ \cos\phi\cos\delta\cos h + \sin\phi\sin\delta \end{pmatrix}. \tag{7.20}$$

式（1.19）および式（7.20）から，次式を得る。これは式（3.1）に等しい。

$$\begin{pmatrix} \cos a\cos A \\ \cos a\sin A \\ \sin a \end{pmatrix} = \begin{pmatrix} -\sin\phi\cos\delta\cos h + \cos\phi\sin\delta \\ -\cos\delta\sin h \\ \cos\phi\cos\delta\cos h + \sin\phi\sin\delta \end{pmatrix}. \tag{3.1}$$

3. 次のとおり (a, A) を得る。

$$\sin a = \sin\phi\sin\delta + \cos\phi\cos\delta\cos h, \tag{3.2}$$

$$\tan A = \frac{-\cos\delta\sin h}{\cos\phi\sin\delta - \sin\phi\cos\delta\cos h}. \tag{3.3}$$

A の象限の判定は式（3.4）による。

図 7.9　Z 軸回転　　　　図 7.10　Y' 軸回転　　　　図 7.11　$Y'OZ'$ 面鏡映

■地平座標から赤道座標への変換

　地平座標 $O-xyz$ から天球座標 $O-XYZ$ へ変換する（式（7.17）の左向き変換）。これは，赤道座標から地平座標への変換を逆の順序で実行すればよい。前の変換と同様に，変換順序を変更することはできない。

1. $(a, A) \to (x, y, z)$ 変換。

$$\begin{pmatrix} x \\ y \\ z \end{pmatrix} = \begin{pmatrix} \cos a \cos A \\ \cos a \sin A \\ \sin a \end{pmatrix}. \tag{1.19}$$

2. $(x, y, z) \to (X, Y, Z)$ 変換。

（i）平面 yOz（$Y'OZ'$）を鏡面として鏡映変換し，X''' を X'' に一致させる。新たにできた座標は $O-X''yz$（$O-X''Y'Z'$）である（図 7.11 参照）。

$$\begin{pmatrix} X'' \\ y \\ z \end{pmatrix} = \begin{pmatrix} -1 & 0 & 0 \\ 0 & 1 & 0 \\ 0 & 0 & 1 \end{pmatrix} \begin{pmatrix} x \\ y \\ z \end{pmatrix} = \begin{pmatrix} -\cos a \cos A \\ \cos a \sin A \\ \sin a \end{pmatrix}. \tag{7.21}$$

（ii）座標 $O-X''yz$（$O-X''Y'Z'$）の y（Y'）軸の正の方向から見て時計回りに $90° - \phi$ 回転し，z を Z に一致させる。新たにできた座標は $O-X'yZ$（$O-X'Y'Z$）である（図 7.10 参照）。

$$\begin{pmatrix} X' \\ y \\ Z \end{pmatrix} = \begin{pmatrix} \sin \phi & 0 & \cos \phi \\ 0 & 1 & 0 \\ -\cos \phi & 0 & \sin \phi \end{pmatrix} \begin{pmatrix} X'' \\ y \\ z \end{pmatrix}$$
$$= \begin{pmatrix} -\sin \phi \cos a \cos A + \cos \phi \sin a \\ \cos a \sin A \\ \cos \phi \cos a \cos A + \sin \phi \sin a \end{pmatrix}. \tag{7.22}$$

　一方，(X', y, Z) は (X', Y', Z) であるから，式（7.18）から，

$$\begin{pmatrix} X' \\ y \\ Z \end{pmatrix} = \begin{pmatrix} \cos \theta & \sin \theta & 0 \\ -\sin \theta & \cos \theta & 0 \\ 0 & 0 & 1 \end{pmatrix} \begin{pmatrix} X \\ Y \\ Z \end{pmatrix} = \begin{pmatrix} \cos \delta \cos h \\ -\cos \delta \sin h \\ \sin \delta \end{pmatrix}. \tag{7.23}$$

　式（7.22），式（7.23）から，

$$\begin{pmatrix} \cos \delta \cos h \\ -\cos \delta \sin h \\ \sin \delta \end{pmatrix} = \begin{pmatrix} -\sin \phi \cos a \cos A + \cos \phi \sin a \\ \cos a \sin A \\ \cos \phi \cos a \cos A + \sin \phi \sin a \end{pmatrix}. \tag{7.24}$$

3. 次のとおり (δ, α) を得る。

$$\sin \delta = \sin \phi \sin a + \cos \phi \cos a \cos A, \tag{3.2}$$
$$\tan h = \frac{-\cos a \sin A}{\cos \phi \sin a - \sin \phi \cos a \cos A}, \tag{7.25}$$
$$\alpha = \theta - h. \tag{7.26}$$

7.9 天測計算表で用いる高度方位式

■ 方位式

高度方位角計算表では，方位式として式（7.27）を使用している。この式は高度 a を使用しているため，先に高度を求める必要がある。

$$\sin A = \frac{\cos \delta \sin h}{\cos a}. \tag{7.27}$$

式（7.27）により方位角を求めた場合，象限の判定（南北および東西判定）は若干複雑になる。南北方位の判定には観測高度 a と東西線通過高度 a_{EW} を，東西方位の判定には天体の時角 h を用いる。東西線通過高度は，式（3.35）による。

$$\sin a_{EW} = \frac{\sin \delta}{\sin \phi}. \tag{3.35}$$

高度方位角計算表では次の判定方法を用いている（同表傍注参照）。

南北の判定

    1. δ と ϕ が異名であれば，A は ϕ と同名。

    2. δ と ϕ が同名であれば，

        .1. $\delta > \phi$ であれば，A は ϕ と同名。

        .2. $\delta < \phi$ であれば，

            ..i. $a > a_{EW}$ であれば，A は ϕ と異名。

            ..ii. $a < a_{EW}$ であれば，A は ϕ と同名。

東西の判定

    1. $0 < h < 180°$ であれば，A は西。

    2. $180 < h < 360°$ であれば，A は東。

【問】 高度方位角計算表で用いる方位判定法を，表 3.2，図 3.10，図 3.11 で確認せよ。

■ BASIC プログラム

天測計算表の巻末にある高度方位角計算の BASIC プログラムでは次式を使用している。

$$\begin{pmatrix} x \\ y \\ z \end{pmatrix} = \begin{pmatrix} \cos \phi \sin \delta - \sin \phi \cos \delta \cos h \\ -\cos \delta \sin h \\ \sin \phi \sin \delta + \cos \phi \cos \delta \cos h \end{pmatrix} \tag{3.1}$$

$$a = \arctan \frac{z}{\sqrt{x^2 + y^2}}, \tag{7.28}$$

$$A = \arctan \frac{y}{x}. \tag{3.3}$$

式（7.28）は，天体が天頂にあるとき分母は 0（$x = y = 0$）となるので注意する必要がある。

7.10 漸長緯度航法

緯度 ϕ における漸長緯度 m は次式により求めることができる。ここで，e は地球楕円体の離心率である。

$$m(\phi) = \ln \tan\left(\frac{\pi}{4} + \frac{\phi}{2}\right) - e^2 \sin\phi \quad [\text{rad}], \tag{7.29}$$

$$= \left[\frac{180 \cdot 60}{\pi}\left(\ln\tan\left(\frac{\pi}{4} + \frac{\phi}{2}\right) - e^2\sin\phi\right)\right]'. \tag{7.30}$$

図 7.12 は 2 地点間の航路を示したものである。

出発地を $\mathrm{P_1}(\phi_1, \lambda_1)$，到着地を $\mathrm{P_2}(\phi_2, \lambda_2)$，針路を C，航程を r とすると，変緯 $d\phi$，漸長変緯 dm，変経 $d\lambda$ は次式で表される。

$$\begin{cases} d\phi = r\cos C, \\ \phi_2 = \phi_1 + d\phi, \\ dm = m(\phi_2) - m(\phi_1), \\ d\lambda = dm \tan C. \end{cases} \tag{7.31}$$

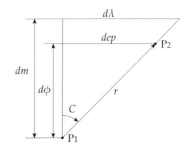

図 7.12 漸長緯度航法

なお，漸長緯度航法では東西距（departure）を使わない。

7.11 大気差近似式

理科年表 [55] に掲載される大気差近似式（4.12）を引用する形で紹介する。

大気差 ρ を視高度 a から測高度 a_o（真高度 a_t）を引いたものとする。

$$\rho = a - a_o.$$

視高度が $a > 10°$ のとき，大気は次式で近似される。ここで，z は視頂距である。

$$\rho = \rho_0 \tan z + \rho_1 \tan^3 z.$$

係数 ρ_0，ρ_1 は次式で与えられる。

$$\rho_0 = (n_0 - 1)(1 - H),$$
$$\rho_1 = \frac{1}{2}(n_0 - 1)^2 - (n_0 - 1)H.$$

H は地球半径を単位とした大気のスケールハイト[*1]で，$H \simeq 0.001\,30$。

[*1] スケールハイトとは気圧が $1/e$ に減少する高度で，地球大気では約 8.4 km である。

n_0 は観測地点の屈折率で次式による。T は気温 [K], F は水蒸気圧 [hPa], λ は観測波長 [μm] である。

$$(n_0 - 1) \times 10^8 = C(\lambda) \frac{P}{T} \left[1 + P \left(57.9 \times 10^{-8} - \frac{9.325 \times 10^{-4}}{T} + \frac{0.258\,44}{T^2} \right) \right] \left(1 - 0.16 \frac{F}{P} \right),$$

$$C(\lambda) = 2\,371.34 + 683\,939.7 \left(130 - \frac{1}{\lambda^2} \right)^{-1} + 4\,547.3 \left(38.9 - \frac{1}{\lambda^2} \right).$$

これから，標準乾燥大気の波長 575 nm（黄緑）の屈折率 $n_0 = 1.000\,277\,4$ を得る。したがって，係数は

$$\rho_0 = (1.000\,277\,4 - 1)(1 - 0.001\,30) = 0.000\,277 = 57.14'',$$

$$\rho_1 = \frac{1}{2}(1.000\,277\,4 - 1)^2 - (1.000\,277\,4 - 1) \cdot 0.001\,30 = -0.066\,4''.$$

ゆえに，大気差 ρ は

$$\rho = \begin{cases} 57.14'' \tan z - 0.07'' \tan^3 z, \\ 57.14'' / \tan a - 0.07'' / \tan^3 a. \end{cases} \tag{4.12}$$

7.12 級数展開

■ マクローリン展開

マクローリン展開（Maclaurin expansion）を用いると一般的な関数（三角関数や指数関数等）を多項式で近似することができる。関数を $f(x)$, $f^{(k)}(0)$ を k 階の微分係数とすると，

$$f(x) = \sum_{k=0}^{\infty} \frac{f^{(k)}(0)}{k!} x^k = f(0) + \frac{f'(0)}{1!} x + \frac{f''(0)}{2!} x^2 + \frac{f^{(3)}(0)}{3!} x^3 + \cdots. \tag{7.32}$$

以下，一般的な関数のマクローリン展開例を示す。

$$\sin x = \sum_{k=0}^{\infty} (-1)^k \frac{x^{2k+1}}{(2k+1)!} = x - \frac{x^3}{3!} + \frac{x^5}{5!} - \frac{x^7}{7!} + \cdots. \tag{7.33}$$

$$\cos x = \sum_{k=0}^{\infty} (-1)^k \frac{x^{2k}}{(2k)!} = 1 - \frac{x^2}{2!} + \frac{x^4}{4!} - \frac{x^6}{6!} + \cdots. \tag{7.34}$$

$$e^x = \sum_{k=0}^{\infty} \frac{x^k}{k!} = 1 + x + \frac{x^2}{2!} + \frac{x^3}{3!} + \cdots. \tag{7.35}$$

■ 一般化二項定理

最初に二項定理を示す。n を正の整数とすると，

$$(a + b)^n = \sum_{k=0}^{n} {}_nC_k a^{n-k} b^k = a^n + a^{n-1}b + a^{n-2}b^2 + \cdots + ab^{n-1} + b^n. \tag{7.36}$$

$|x| < 1$ である実数 x と任意の実数 α に対して，次式が成り立つ．これを一般化二項定理という．

$$(1 + x)^\alpha = \sum_{k=0}^{n} F(\alpha, k)\, x^k = 1 + \alpha x + \frac{\alpha(\alpha - 1)}{2!} x^2 + \cdots . \tag{7.37}$$

ただし，

$$F(\alpha, k) = \begin{cases} \dfrac{\alpha(\alpha - 1) \cdots (\alpha - k + 1)}{k!}, & k \geq 1, \\ 1, & k = 0. \end{cases}$$

α を正の整数とすると，式（7.37）は式（7.36）と同等になる．

7.13　ギリシャ文字

表 7.1 にギリシャ文字を示す．

表 7.1　ギリシャ文字

大文字	小文字	英語表記	読み	大文字	小文字	英語表記	読み
A	α	alpha	アルファ	N	ν	nu	ニュー
B	β	beta	ベータ	Ξ	ξ	xi	クサイ
Γ	γ	gamma	ガンマ	O	o	omicron	オミクロン
Δ	δ	delta	デルタ	Π	π	pi	パイ
E	ϵ	epsilon	イプシロン	P	ρ	rho	ロー
Z	ζ	zeta	ゼータ	Σ	σ	sigma	シグマ
H	η	eta	イータ	T	τ	tau	タウ
Θ	θ	theta	シータ	Υ	υ	upsilon	ウプシロン
I	ι	iota	イオタ	Φ	ϕ	phi	ファイ
K	κ	kappa	カッパ	X	χ	chi	カイ
Λ	λ	lambda	ラムダ	Ψ	ψ	psi	プサイ
M	μ	mu	ミュー	Ω	ω	omega	オメガ

参考文献

■ 天文の基礎

[1] 米山忠興『教養のための天文学講義』丸善，2009 年

[2] Daniel Fleisch 他，河辺哲次訳『算数でわかる天文学』岩波書店，2014 年

[3] 大金要治郎『新版地学養成講座 11　星の位置と運動』東海大学出版会，1994 年

[4] 長谷川一郎『天文計算入門（新装改訂版）』恒星社，2015 年

[5] 長沢工『天体の位置計算 増補版』地人書館，2001 年

[6] 長沢工『日の出・日の入りの計算』地人書館，2005 年

[7] 岡村定矩『人類の住む宇宙［第 2 版]』シリーズ現代の天文学 1，日本評論社，2017 年

[8] 福島登志夫『天体の位置と運動［第 2 版]』シリーズ現代の天文学 13，日本評論社，2017 年

[9] 日本天文学会編『光る星座早見』三省堂，2006 年

[10] 日本天文学会編『世界星座早見』三省堂，2003 年

[11] 月刊天文ガイド監修『野外星図』誠文堂新光社，2017 年

[12] 日本天文学会「天文学辞典」http://astro-dic.jp/

[13] 『太陽系のすべて』（Newton 別冊）ニュートンプレス，2006 年

[14] 『星空に強くなる』（Newton 別冊）ニュートンプレス，2007 年

[15] 白尾元理『双眼鏡で星空ウオッチング（第 3 版）』丸善出版，2010 年

[16] 片山真人『暦の科学』ベレ出版，2012 年

[17] 柳谷晃『一週間はなぜ 7 日になったのか』青春出版社，2012 年

[18] Howard Schneider "Backyard Guide to the Night Sky" National Geographic Society，2009 年

[19] Storm Dunlop "2018 Guide to the Night Sky" Collins，2017 年

[20] 『あらゆる単位と重要原理・法則集』（Newton 別冊）ニュートンプレス，2014 年

[21] 国土地理院「ジオイド」http://www.gsi.go.jp/buturisokuchi/geoid.html

[22] 国立天文台「月齢」http://eco.mtk.nao.ac.jp/koyomi/wiki/B7EEA4CECBFEA4C1B7E7A4B12FB7EECEF0.html

[23] 国立天文台「日食とは」
https://www.nao.ac.jp/gallery/weekly/2017/20170815-solareclipse.html

[24] AstroArts「天文の基礎知識」
https://www.astroarts.co.jp/alacarte/kiso/index-j.shtml

[25] Wikipedia「太陽」https://www.wikiwand.com/ja/太陽

[26] 国立天文台「惑星の定義とは？」https://www.nao.ac.jp/faq/a0508.html

[27] Wikipedia「木星」https://www.wikiwand.com/ja/木星

[28] Wikipedia「アステリズム」https://www.wikiwand.com/ja/アステリズム

[29] International Astronomical Union「The Constellations」
https://www.iau.org/public/themes/constellations/

[30] Wikipedia「明るい恒星の一覧」https://www.wikiwand.com/ja/明るい恒星の一覧

[31] 国立天文台「星座名・星座略符一覧」
https://www.nao.ac.jp/new-info/constellation2.html

[32] Wikipedia「Capella」https://www.wikiwand.com/en/Capella

[33] Wikipedia「本初子午線」https://www.wikiwand.com/ja/本初子午線

[34] 日本放送協会「理科野外観察的分野」http://www.nhk.or.jp/rika/10min1/

[35] 武藤大樹「Celestia で身近な天文現象を学ぶ」http://tai2.net/docs/celestia_intro/

■ 天文航海

[36] 酒井進『天文航海学』海文堂，1957 年

[37] 長谷川健二『天文航法』（第 4 版）海文堂出版，1975 年

[38] 岩永道臣，樽美幸雄『精説 天文航法（上）』成山堂書店，1988 年

[39] 岩永道臣，樽美幸雄『精説 天文航法（下）』成山堂書店，1995 年

[40] 石田正一『航法理論詳説』海文堂出版，2015 年

[41] 独立行政法人 航海訓練所『航海訓練所シリーズ　読んでわかる三級航海航海編』成山堂
書店，2013 年

[42] 独立行政法人 海技教育機構『海技士 4N 標準テキスト』海文堂出版，2016 年

[43] Bowditch "American Practical Navigator" NGA，2017 年
https://msi.nga.mil/Publications/APN

[44] Royal Navy "The Admiralty Manual of Navigation Volume 2, Astro Navigation" The
Nautical Institute，2004 年

[45] Charles Brent "Ex-Meridian Altitude Tables (7th Edition)" George Philip & Son, Ltd.,
1914 年

[46] タマヤ計測システム「タマヤ航海用六分儀取扱説明書」
https://tamaya-technics.com/wp-content/uploads/2019/02/sextants.pdf

■ 時間，暦等

[47] 海上保安庁海洋情報部編『平成 22 年 天体位置表』2009 年

[48] 海上保安庁海洋情報部編『平成 27 年 天測暦』2014 年

[49] 海上保安庁海洋情報部編『平成 30 年 天測暦』2017 年

[50] 海上保安庁海洋情報部編『天測計算表』2012 年

[51] 海上保安庁海洋情報部「天文・暦情報」https://www1.kaiho.mlit.go.jp/KOHO/

[52] United Kingdom Hydrographic Office "2015 Nautical Almanac" 2014 年

[53] United Kingdom Hydrographic Office "2018 Nautical Almanac" 2017 年

[54] TheNauticalAlmanac.com "The Nautical Almanac"
https://thenauticalalmanac.com

[55] 国立天文台編『理科年表』丸善出版，2019 年

[56] 天文年鑑編集委員会編『天文年鑑』誠文堂新光社，2019 年

[57] 国立天文台「国立天文台暦計算室」http://eco.mtk.nao.ac.jp/koyomi/

[58] Wikipedia「世界時」https://www.wikiwand.com/ja/世界時

[59] 国立天文台「力学時」http://eco.mtk.nao.ac.jp/koyomi/wiki/CECFB3D8BBFE.html

[60] Wikipedia「標準時」https://www.wikiwand.com/ja/標準時

[61] Wikipedia「閏秒」https://www.wikiwand.com/ja/閏秒

[62] 情報通信研究機構「1 秒の定義」
http://www2.nict.go.jp/sts/afs/One-Second.html

[63] 情報通信研究機構日本標準時グループ「うるう秒実施日一覧」
http://jjy.nict.go.jp/QandA/data/leapsec.html

[64] timeanddate.com「Time Zone Map」https://timeanddate.com/time/map/

[65] Wikipedia「メトン周期」https://www.wikiwand.com/ja/メトン周期

[66] Wikipedia「ヒジュラ暦」https://www.wikiwand.com/ja/ヒジュラ暦

■ その他
[67] Wikipedia「角度」https://www.wikiwand.com/ja/角度

[68] Wikipedia「サモア」https://www.wikiwand.com/ja/サモア

■ 文章の作成
[69] 結城浩『数学文章作法 基礎編』ちくま学芸文庫，2013 年

[70] 結城浩『数学文章作法 推敲編』ちくま学芸文庫，2014 年

[71] 木下是雄『理科系の作文技術』中公新書，1981 年

[72] 藤沢晃治『「分かりやすい表現」の技術』ブルーバックス，講談社，1981 年

[73] 奥村晴彦・黒木勇介『[改訂第 7 版] LaTeX2ε 美文書作成入門』技術評論社，2017 年

おわりに

本書をお読みいただきありがとうございました。

天測計算ができるようになると天文航法のすべてを理解したような気になってしまうかもしれません。しかし，実はここが始まりなのです。

天測で最も大切なのは高度を正確に測定でき正しい船位を得ることができるということで，計算ができるようになることではありません。高度の測定精度は船位の質となって現れます。これは交叉方位法において方位を正確に測定しないと，船位の質が落ちるのと同じです。測定するという行為は実地で鍛えるしかなく，何度も何度も太陽や恒星の高度を測定し，練度の向上に努めることが大切です。

天体による位置の線を得るには，高度測定以外に，観測時刻（秒まで正確に），ログ，気温・海水温度を測定する必要があり，それらのデータが揃ってから高度・方位角を計算し，結果を測高度と比較して，やっと位置の線を得ることができます。これらを一連の流れとしてできるようになるには，少々時間が必要です。

これらを一日数回繰り返して一日の航海を成し遂げ，それを何日も何日も積み重ねて一航海を成就します。

天文航海で大洋を渡れるようになったら航海士として一人前です。心から敬意を表します。

横浜にて

索引

【著者】

竹井 義晴（たけい よしはる）

1977 年　東京商船大学商船学部航海科卒業，航海訓練所入所
1984 年　一級海技士（航海）免状取得
1994 年　航海訓練所教授
2000 年　銀河丸船長，以降，銀河丸建造監督室長，日本丸船長等
2015 年　独立行政法人航海訓練所理事長
2016 年　日本水先人会連合会専務理事　現在に至る

ISBN978-4-303-20740-3

天文航海の基礎

2020 年 2 月 29 日　初版発行　　　　　　　　　　Ⓒ TAKEI Yoshiharu 2020

著　者　竹井義晴  検印省略
発行者　岡田雄希
発行所　海文堂出版株式会社
　　　本　社　東京都文京区水道2-5-4（〒112-0005）
　　　　　電話 03（3815）3291㈹　FAX 03（3815）3953
　　　　　http://www.kaibundo.jp/
　　　支　社　神戸市中央区元町通3-5-10（〒650-0022）
日本書籍出版協会会員・工学書協会会員・自然科学書協会会員

PRINTED IN JAPAN　　　　　　　　印刷　東光整版印刷／製本　誠製本